MOBILE SOURCE
MANAGEMENT
MANUAL FOR
KEY INDUSTRIES

重点行业
移动源管理手册

MOBILE SOURCE MANAGEMENT

MANUAL FOR KEY INDUSTRIES

郝春晓　窦广玉　等◎著

中国环境出版集团·北京

图书在版编目（CIP）数据

重点行业移动源管理手册 / 郝春晓等著 . —北京：
中国环境出版集团，2023.12
ISBN 978-7-5111-5598-6

Ⅰ.①重…　Ⅱ.①郝…　Ⅲ.①移动污染源—环境
管理—中国—手册　Ⅳ.① X501-62

中国国家版本馆 CIP 数据核字（2023）第 160798 号

出 版 人　武德凯
责任编辑　田　怡　　杨旭岩
封面设计　光大印艺

出版发行　中国环境出版集团
　　　　　（100062　北京市东城区广渠门内大街 16 号）
　　　　　网　　址：http://www.cesp.com.cn.
　　　　　电子邮箱：bjgl@cesp.com.cn.
　　　　　联系电话：010-67112765（编辑管理部）
　　　　　　　　　　010-67175507（第六分社）
　　　　　发行热线：010-67125803，010-67113405（传真）
印　　刷　玖龙（天津）印刷有限公司
经　　销　各地新华书店
版　　次　2023 年 12 月第 1 版
印　　次　2023 年 12 月第 1 次印刷
开　　本　787×1092　1/16
印　　张　6.25
字　　数　85.8 千字
定　　价　58.00 元

编写人员

第 1 章　重点行业移动源环境管理要求
　　　　郝春晓　　赵　莹

第 2 章　重点行业运输方式要求
　　　　窦广玉　　解淑霞

第 3 章　重点行业门禁及视频监控系统要求
　　　　王宏丽　　何卓识　　王军方

第 4 章　重点行业运输核查方法
　　　　李　刚　　黄志辉　　纪　亮

前　言

重型货车是我国公路货运减污降碳的重要领域，其保有量不足机动车的3%，但氮氧化物和颗粒物排放量分别占到机动车排放总量的69%和48%，二氧化碳排放占比也接近39%。当前，重型货车面临运输强度大、清洁化程度低、老旧柴油货车淘汰进展较慢等问题。2021年，全国货运量530亿t，其中公路货运391亿t，占比73.8%；京津冀区域公路货运26.6亿t，占京津冀区域货运量的83%。从全国范围来看，国四及以下柴油货车占比46%，达到柴油货车总量的将近一半。加速推进交通运输绿色低碳转型，对我国大气环境质量改善和碳达峰碳中和具有积极推动作用。

钢铁、焦化、水泥等重点行业是重型货车的主要使用领域，也是移动源排放的主要贡献者。为改善运输排放现状，提高重点行业清洁运输比例，生态环境部自2019年起出台了一系列的政策文件。本书从政策角度入手，梳理当前对重点行业运输的管理要求，并依据要求提出企业端的运输管理方法以及监管端的核查方法。此外，本书可为企业绩效分级评级、企业清洁运输水平提升提供方法参考，也能够为环保工作人员提供核查手段。

由于作者知识水平和能力有限，书中难免有不妥之处，恳请广大读者不吝赐教和指正。

目　录

第 1 章

重点行业移动源环境管理要求

1.1　重点行业移动源环境管理总体要求

1.1.1　管理依据

为贯彻落实《中共中央国务院关于深入打好污染防治攻坚战的意见》有关要求，打好重污染天气消除、臭氧污染防治、柴油货车污染治理三个标志性战役，解决人民群众关心的大气环境问题，持续改善空气质量，2022 年年底生态环境部联合多部委印发了《深入打好重污染天气消除、臭氧污染防治和柴油货车污染治理攻坚战行动方案》。其中，《柴油货车污染治理攻坚行动方案》首次将移动源的管控重点从"车、油、路"的监管转变为"车、油、路、企"的监管，这里提到的"企"主要指的就是运输量大、用车量多的重点行业企业。对重点行业大宗物料及产品运输、厂内车辆及非道路移动机械的排放管理也是我国"十四五"期间移动源污染防治的管控重点。

1.1.2　总体要求

推进重点行业企业清洁运输。火电、钢铁、煤炭、焦化、有色等行业大宗货物清洁方式运输比例达到 70% 左右，重点区域达到 80% 左右；重点区域推进建材（含砂石骨料）清洁方式运输。鼓励大型工矿企业开展零排放货物运输车队试点。鼓励工矿企业等用车单位通过与运输企业（个人）签订合作协议等方式实现清洁运输。企业按照重污染天气重点行业绩效分级技术指南要求，加强运输车辆管控，完善车辆使用记录，实现动态更新。鼓励未列入重点行业绩效分级管控的企业参照开展车辆管理，加大企业自我保障能力。

强化重点工矿企业移动源应急管控。京津冀及周边地区、汾渭平原、东北地区、天山北坡城市群全面制定移动源重污染天气应急管控方案，建立用车大户清单和货车白名单，实现动态管理。重污染天气预警期间，加大部门联合执法检查力度，开展柴油货车、工程机械等专项检查；按照国家相关标准和技术规范要求加强运输车辆、厂内车辆及非道路移动机械应急管控。

1.2　重污染天气重点行业移动源环境管理要求

1.2.1　管理依据

为更好地保障人民群众身体健康，积极应对重污染天气，进一步完善重污染天气应急预案，夯实应急减排措施，细化减排清单，加强区域应急联动，实现依法治污、精准治污、科学治污，2019 年生态环境部发布了《关于加强重污染天气应对夯实应急减排措施的指导意见》（环办大气函〔2019〕648 号）（以下简称《指导意见》），对重污染天气预警期间移动源应急减排措施提出了明确要求。《指导意见》开创性地对 15 个重点行业提出了绩效分级差异化管控，将重点行业分为 A、B、C 级，原则上，A 级企业在重污染期间不作为减排重点，并减少监督检查频次。绩效分级有力促进了重点行业产业调整和装备升级，在缓解重污染天气影响的同时，减轻了对社会经济的扰动，采取差异化管控措施，避免"一刀切"，引领高质量发展。

为更加精准、有效地推进绩效分级工作，2020 年生态环境部组织各行业协会、业内专家对《指导意见》开展修订工作。此次修订工作坚持精准治污、科学治污、依法治污，继续坚持以问题为导向，总结过去工作经验，进一步完善绩效分级工作。2020 年 6 月，生态环境部发布了《重污染天气重点行业应急减排措施制定技术指南（2020 年修订版）》（环办大气函〔2020〕340 号）（以下简称《技术指南》）。《技术指南》在《指导意见》15 个绩效分级行业的基础上，结合相关省（区、市）意见及重点区域行业产能分布，将绩效分级重点行业扩充到 39 类。《技术指南》中对于移动源的管理主要遵循了以下几个原则：一是把握主线结合实际，按行业特点制定移动源绩效分级措施，并按等级逐级提出要求；二是加强行业指导，兼顾核查指导，为企业自我核实提供技术手段，同时为督查人员提供检查依据；三是运输方式、运输管控双管齐下，对于公路运输、厂内运输及非道路移动机械要全盘考虑，同时要规范运输管理，增加对视频监控系统、电子台账的建立要求；四是关注车辆实际达标状况，提出车辆实际排放应达标的要求，鼓励企业采取与运输车辆签订达标保证书等方式实现用车达标排放。

1.2.2　总体要求

按照《技术指南》要求，橙色及以上预警期间，施工工地、工业企业厂区和工业园区内应停止使用国二及以下排放标准非道路移动机械（清洁能源和紧急检修作业机械除外）；矿山（含煤矿）、洗煤厂、港口、物流（除民生保障类）等涉及大宗物料运输（日载货车辆进出 10 辆次及以上）的单位，应停止使用国四及以下排放标准重型载货车辆（含燃气）运输（特种车辆、危险化学品车辆等除外）。

在重污染天气期间实施差异化管控，全面推行重点行业差异化减排措施。评为 A 级和引领性的企业，可自主采取减排措施；B 级及以下企业和非引领性企业，减排力度应不低于《技术指南》要求。各地也可根据环境空气质量改善需求和实际污染状况，制定更为严格的减排措施；其他未实施绩效分级的行业，可由各省（区、市）生态环境主管部门，自行制定统一的绩效分级标准，实施差异化减排措施。具体 39 类重点行业绩效分级分类情况见本书附件。

1.2.3　长流程钢铁移动源绩效分级要求

对长流程钢铁移动源绩效分级的指标要求适用于长流程钢铁联合企业

（包括加入铁水的电炉），独立烧结、球团、轧钢企业。其中长流程钢铁企业是指由相互衔接的且具有密切联系的原料场、烧结、球团、焦化、炼铁、炼钢（电炉）、轧钢、石灰、自备电厂等生产工序联合进行生产的钢铁企业。具体移动源管理要求如表 1.1 所示。

表 1.1　长流程钢铁企业绩效分级指标

差异化指标	A 级企业	B 级企业	B- 级企业	C 级企业	D 级企业
运输方式	1. 大宗物料和产品运输采用清洁运输方式或电动重型载货车辆的比例不低于 80%；其他使用新能源车辆或达到国六排放标准的重型载货车辆（2021 年年底前可采用国五排放标准的重型载货车辆，含燃气）； 2. 其他原辅材料公路运输部分使用达到国五及以上排放标准的重型载货车辆（含燃气）或新能源车辆； 3. 厂内运输车辆全部达到国五及以上排放标准（含燃气）或使用新能源车辆； 4. 厂内非道路移动机械和吸排车等特种运输机械全部达到国三及以上排放标准或使用新能源机械	1. 大宗物料和产品运输采用清洁运输方式或电动重型载货车辆的比例不低于 50%；其他运输部分使用新能源车辆或达到国六排放标准的重型载货车辆（2021 年年底前可采用国五排放标准的重型载货车辆，含燃气）的比例不低于 80%，其他达到国四排放标准； 2. 其他原辅材料公路运输部分使用达到国五及以上排放标准的重型载货车辆（含燃气）或新能源车辆； 3. 厂内运输车辆全部达到国五及以上排放标准（含燃气）或使用新能源车辆； 4. 厂内非道路移动机械和吸排车等特种运输机械全部达到国三及以上排放标准或使用新能源机械	1. 物料公路运输采用新能源车辆或达到国六排放标准的比例不低于 80%（2021 年年底前可采用国五排放标准的重型载货车辆，含燃气），其他达到国四排放标准； 2. 厂内非道路移动机械和吸排车等特种运输机械达到国三及以上排放标准或使用新能源机械比例不低于 50%	未达到 C 级要求	
运输监管	参照《重污染天气重点行业移动源应急管理技术指南》建立门禁系统和电子台账	未达到 A、B 级要求			

1.2.4　短流程钢铁移动源绩效分级要求

对短流程钢铁移动源绩效分级的指标要求适用于以废钢铁或直接还原铁为原料的，采用电弧炉冶炼的炼钢生产工业企业。具体移动源管理要求如表 1.2 所示。

表 1.2　短流程钢铁企业绩效分级指标

差异化指标	A 级企业	B 级企业	C 级企业
运输方式	1. 大宗物料和产品采用清洁方式运输比例不低于 80%，或采用新能源车辆或达到国六排放标准的重型载货车辆（2021 年年底前可使用国五排放标准的重型载货车辆，含燃气）运输的比例达到 100%； 2. 其他原辅材料公路运输部分使用达到国五排放标准及以上的重型载货车辆（含燃气）或新能源车辆； 3. 厂内运输车辆全部使用达到国五及以上排放标准的重型载货车辆（含燃气）或新能源车辆； 4. 厂内非道路移动机械全部使用达到国三及以上标准或使用纯电动机械	1. 大宗物料、产品、原辅材料公路运输部分使用国五及以上排放标准的重型载货车辆（含燃气）或新能源车辆比例不低于 80%，其他达到国四排放标准； 2. 厂内运输车辆要全部使用国五及以上排放标准的重型载货车辆或新能源车辆； 3. 厂内非道路移动机械全部达到国三及以上标准或使用纯电动机械	未达到 B 级要求
运输监管	参照《重污染天气重点行业移动源应急管理技术指南》建立门禁系统和电子台账		未达到 A、B 级要求

1.2.5　铁合金移动源绩效分级要求

对铁合金移动源绩效分级的指标要求适用于电炉法、高炉法、转炉法、炉外法（金属热法）等生产铁合金及电解法生产金属锰的冶炼工业企业。其中高炉法、转炉法铁合金企业参照长流程钢铁行业相关工序分级，电解法生产金属锰的企业制定绩效引领性指标。具体移动源管理要求如表 1.3 所示。

表 1.3　铁合金企业绩效分级指标

差异化指标	A 级企业	B 级企业	C 级企业
运输方式	1. 物料公路运输全部使用达到国五及以上排放标准重型载货车辆（含燃气）或新能源汽车或采用铁路、水运等更清洁的运输方式； 2. 厂内运输车辆全部达到国五及以上排放标准（含燃气）或使用新能源车辆； 3. 厂内非道路移动机械全部达到国三及以上排放标准或使用新能源机械； 4. 大宗货物散装运输采用密闭运输	1. 物料公路运输使用国五及以上排放标准重型载货车辆（含燃气）或新能源汽车比例不低于 60%； 2. 厂内运输车辆使用达到国五及以上排放标准（含燃气）或新能源车辆比例不低于 50%； 3. 厂内非道路移动机械使用国三及以上排放标准或新能源机械比例不低于 50%； 4. 大宗货物散装运输采用密闭运输	未达到 B 级要求
运输监管	参照《重污染天气重点行业移动源应急管理技术指南》建立门禁系统和电子台账		未达到 B 级要求

1.2.6　焦化移动源绩效分级要求

对焦化移动源绩效分级的指标要求适用于炼焦化学工业生产过程的工业企业，生产工艺主要包括常规机焦、热回收焦和半焦（兰炭），其中热回收焦及半焦（兰炭）仅制定绩效引领性指标。独立焦化企业和钢铁联合企业焦化分厂均适用。具体移动源管理要求如表 1.4 所示。

表 1.4　焦化行业绩效分级指标（常规机焦）

差异化指标	A 级企业	B 级企业	C 级企业	D 级企业
运输方式	1. 大宗物料和产品运输采用清洁运输方式或电动重型载货车辆的比例不低于 80%；其他使用新能源车辆或达到国六排放标准的重型载货车辆（2021 年年底前可采用国五排放标准的重型载货车辆，含燃气）； 2. 其他原辅材料公路运输使用达到国五及以上排放标准的重型载货车辆（含燃气）或新能源车辆； 3. 厂内运输车辆全部达到国五及以上排放标准（含燃气）或使用新能源车辆； 4. 厂内非道路移动机械全部达到国三及以上排放标准或使用新能源机械	1. 大宗物料和产品运输采用清洁运输方式或电动重型载货车辆的比例不低于 50%；其他运输部分使用新能源车辆或达到国六排放标准的重型载货车辆（2021 年年底前可采用国五排放标准的重型载货车辆，含燃气）的比例不低于 80%，其他达到国四排放标准； 2. 其他原辅材料公路运输使用达到国五及以上排放标准的重型载货车辆（含燃气）或新能源车辆； 3. 厂内运输车辆全部达到国五及以上排放标准（含燃气）或使用新能源车辆； 4. 厂内非道路移动机械全部达到国三及以上排放标准或使用新能源机械	1. 公路运输使用新能源车辆或达到国六排放标准的重型载货车辆（2021 年年底前可采用国五排放标准的重型载货车辆，含燃气）的比例不低于 80%，其他达到国四排放标准； 2. 厂内非道路移动机械全部达到国三及以上排放标准或使用新能源机械的比例不低于 50%，其他 50% 达到国二排放标准	未达到 C 级要求
运输监管	参照《重污染天气重点行业移动源应急管理技术指南》建立门禁系统和电子台账		未达到 A、B 级要求	

1.2.7 石灰窑移动源绩效分级要求

对石灰窑移动源绩效分级的指标要求适用于以石灰石（白云石）为原料进行煅（焙）烧生产石灰的工业企业。具体移动源管理要求如表 1.5 所示。

表 1.5 石灰窑工业企业绩效分级指标

差异化指标	A 级企业	B 级企业	C 级企业	D 级企业
运输方式	1. 物料公路运输全部使用达到国五及以上排放标准重型载货车辆（含燃气）或新能源车辆； 2. 厂内运输车辆全部达到国五及以上排放标准（含燃气）或使用新能源车辆； 3. 厂内非道路移动机械全部达到国三及以上排放标准或使用新能源机械； 4. 大宗货物散装运输采用密闭运输	1. 物料公路运输使用达到国五及以上排放标准重型载货车辆（含燃气）或新能源车辆比例不低于 80%，其他车辆达到国四排放标准； 2. 厂内运输车辆使用达到国五及以上排放标准（含燃气）或使用新能源车辆比例不低于 50%，其他车辆达到国四排放标准； 3. 厂内非道路移动机械使用达到国三及以上排放标准或使用新能源机械比例不低于 50%； 4. 大宗货物散装运输采用密闭运输	1. 物料公路运输使用达到国五及以上排放标准重型载货车辆（含燃气）或新能源车辆比例不低于 50%； 2. 厂内非道路移动机械使用达到国三及以上排放标准或使用新能源机械比例不低于 50%	未达到 C 级要求
运输监管	参照《重污染天气重点行业移动源应急管理技术指南》建立门禁系统和电子台账	未达到 A、B 级要求		

1.2.8 铸造移动源绩效分级要求

对铸造移动源绩效分级的指标要求适用于采用感应电炉、冲天炉、电弧炉、精炼炉、燃气炉等进行金属熔炼（化）的铸件生产工业企业和符合产业政策要求的专业生产铸造用生铁的工业企业［含配套"短流程"铸造工艺的炼铁部分，包含烧结（球团）、高炉炼铁等工序］。

采用"短流程"工艺生产铸件企业内的烧结（球团）、高炉炼铁等工序按照铸造用生铁企业绩效分级指标执行分级，铸造工序按照铸件生产企业绩效分级指标进行分级。具体移动源管理要求如表 1.6 所示。

表 1.6　铸件企业绩效分级指标（采用天然气、电炉熔化设备）

差异化指标	A 级企业	B 级企业	C 级企业	D 级企业
运输方式	1. 物料公路运输全部使用达到国五及以上排放标准重型载货车辆（含燃气）或新能源车辆； 2. 厂内运输车辆全部达到国五及以上排放标准（含燃气）或使用新能源车辆； 3. 危险废物运输全部使用安装远程在线监控的国五及以上排放标准或新能源车辆； 4. 厂内非道路移动机械全部达到国三及以上排放标准或使用新能源机械	1. 物料公路运输使用达到国五及以上排放标准重型载货车辆（含燃气）或新能源车辆比例不低于 80%，其他车辆达到国四排放标准； 2. 厂内运输车辆达到国五及以上排放标准（含燃气）或使用新能源车辆的比例不低于 80%，其他车辆达到国四排放标准； 3. 危险废物运输全部使用国五及以上排放标准或新能源车辆； 4. 厂内非道路移动机械全部达到国三及以上排放标准或使用新能源机械	物料公路运输使用达到国五及以上排放标准重型载货车辆（含燃气）或新能源车辆比例不低于 50%	未达到 C 级要求
运输监管	参照《重污染天气重点行业移动源应急管理技术指南》建立门禁系统和电子台账		未达到 A、B 级要求	

1.2.9　氧化铝移动源绩效分级要求

对氧化铝移动源绩效分级的指标要求适用于采用拜耳法、烧结法和联合法生产氧化铝的工业企业。具体移动源管理要求如表 1.7 所示。

11

表 1.7 氧化铝行业绩效分级指标

差异化指标	A级企业	B级企业	C级企业	D级企业
运输方式	1. 铝土矿厂外运输 80% 以上采用水运或铁路运输（本市矿区除外），厂内运输均采用封闭皮廊；煤炭运输均采用封闭皮廊或采用水路运或铁路运输 80% 以上（本省矿区除外）；铁路运输或线运输要求运达到国五及以上排放标准重型载货车辆（含燃气）或使用新能源车辆，切实无法入厂的，使用新能源运输达到国五及以上排放标准重型载货车辆（含燃气）转运入厂；公路运输全部达到国五及以上排放标准车辆（含燃气）；2. 天然气采用管道运输。3. 厂内运输车辆使用达到国五及以上排放标准或使用新能源车辆；4. 厂内非道路移动机械全部达到国三或使用新能源机械及以上排放标准或使用新能源机械	1. 铝土矿厂外运输 60% 以上采用水运或铁路运输（本市矿区除外），厂内运输均采用封闭皮廊或采用全密闭式汽车运输；铁路运输或线运输要求铁路专用线运输，切实无法入厂的，使用新能源或达到国五及以上排放标准重型载货车辆（含燃气）转运入厂；公路运输使用达到国五及以上排放标准重型载货车辆（含燃气）比例不低于 80%，其他车辆达到国四排放标准；2. 天然气采用管道运输。3. 厂内运输车辆使用达到国五及以上标准或使用新能源车辆达到国四排放标准；4. 厂内非道路移动机械或使用新能源达到国三排放标准或使用达到国三排放标准或使用新能源机械比例不低于 80%，其他达到国二排放标准	1. 铝土矿厂内运输采用封闭皮廊；2. 物料公路运输使用达到国五及以上排放标准重型载货车辆（含燃气）或新能源车辆比例不低于 50%；3. 天然气采用管道运输；4. 厂内运输车辆使用达到国五及以上排放标准或新能源车辆比例不低于 50%；5. 厂内非道路移动机械达到国三及以上排放标准或新能源机械比例不低于 50%，其他达到国二排放标准	未达到 C 级要求
运输监管	参照《重污染天气重点行业移动源应急管理技术指南》建立门禁系统和电子台账		未达到 A、B 级要求	

1.2.10　电解铝移动源绩效分级要求

对电解铝移动源绩效分级的指标要求适用于采用预焙电解槽生产铝的工业企业。具体移动源管理要求如表 1.8 所示。

表 1.8　电解铝行业绩效分级指标

差异化指标	A 级企业	B 级企业	C 级企业
运输方式	1. 原料氧化铝（散装）运输全部使用罐车； 2. 公路运输全部使用国五及以上排放标准重型载货车辆（含燃气）或新能源车辆； 3. 厂内运输车辆全部达到国五及以上排放标准（含燃气）或使用新能源车辆； 4. 厂内非道路移动机械全部达到国三及以上排放标准或使用新能源机械	1. 原料氧化铝（散装）运输使用罐车比例不低于 80%； 2. 公路运输使用国五及以上排放标准重型载货车辆（含燃气）或新能源车辆比例不低于 80%； 3. 厂内运输车辆达到国五及以上排放标准（含燃气）或使用新能源车辆比例不低于 80%； 4. 厂内非道路移动机械全部达到国三及以上排放标准或使用新能源机械	未达到 B 级要求
运输监管	参照《重污染天气重点行业移动源应急管理技术指南》建立门禁系统和电子台账		未达到 A、B 级要求

1.2.11　炭素移动源绩效分级要求

对炭素移动源绩效分级的指标要求适用于以炭、石墨材料加工特种石墨制品、石墨烯、碳（炭）素制品、异形制品，以及用树脂和各种有机物浸渍加工而成的碳（炭）素异形产品的制造工业企业，包括煅后焦等独立中间产品制造。具体移动源管理要求如表 1.9 所示。

表 1.9 炭素行业绩效分级指标

差异化指标	A 级企业	B 级企业	C 级企业	D 级企业
运输方式	1. 物料公路运输全部使用达到国五及以上排放标准重型载货车辆（含燃气）或新能源车辆或其他清洁运输方式； 2. 厂内运输车辆全部达到国五及以上排放标准（含燃气）或使用新能源车辆； 3. 厂内非道路移动机械全部达到国三及以上排放标准或使用新能源机械	1. 物料公路运输使用达到国五及以上排放标准重型载货车辆（含燃气）或新能源车辆或其他清洁运输方式比例不低于 80%，其他车辆达到国四排放标准； 2. 厂内运输车辆达到国五及以上排放标准（含燃气）或使用新能源车辆比例不低于 80%，其他车辆达到国四排放标准； 3. 厂内非道路移动机械达到国三及以上排放标准或使用新能源机械比例不低于 80%	1. 物料公路运输使用达到国五及以上排放标准重型载货车辆（含燃气）或新能源车辆或其他清洁运输方式比例不低于 50%； 2. 厂内运输车辆达到国五及以上排放标准（含燃气）或使用新能源车辆比例不低于 50%； 3. 厂内非道路移动机械达到国三及以上排放标准或使用新能源机械比例不低于 50%	未达到 C 级要求
运输监管	参照《重污染天气重点行业移动源应急管理技术指南》建立门禁系统和电子台账		未达到 A、B 级要求	

1.2.12 铜冶炼移动源绩效分级要求

对铜冶炼移动源绩效分级的指标要求适用于以铜精矿为主要原料的铜冶炼工业企业。具体移动源管理要求如表 1.10 所示。

表 1.10　铜冶炼行业绩效分级指标

差异化 指标	A 级企业	B 级企业	C 级企业
运输 方式	1. 铜精矿运输 80% 以上采用铁路或水运（本市矿除外），码头入厂及厂内运输均采用封闭皮廊；铁路运输物料要求铁路专用线运输入厂，切实无法入厂的，使用新能源或达到国五及以上排放标准车辆（含燃气）转运入厂；公路运输全部使用达到国五及以上排放标准重型载货车辆（含燃气）或新能源车辆； 2. 厂内运输车辆全部达到国五及以上排放标准（含燃气）或使用新能源车辆； 3. 厂内非道路移动机械全部达到国三及以上排放标准或使用新能源机械； 4. 大宗货物散装运输采用密闭运输	1. 铜精矿运输 60% 以上采用铁路或水运（本市矿除外），码头入厂及厂内运输均采用封闭皮廊或全密闭式汽车运输；铁路运输物料要求铁路专用线运输入厂，切实无法入厂的，使用新能源或达到国五及以上排放标准车辆（含燃气）转运入厂；公路运输使用达到国五及以上排放标准重型载货车辆（含燃气）或新能源车辆比例不低于 80%； 2. 厂内运输车辆达到国五及以上排放标准或使用新能源车辆比例不低于 60%； 3. 厂内非道路移动机械达到国三及以上排放标准或使用新能源机械比例不低于 80%； 4. 大宗货物散装运输采用密闭运输	未达到 B 级要求
运输 监管	参照《重污染天气重点行业移动源应急管理技术指南》建立门禁系统和电子台账		未达到 A、 B 级要求

1.2.13　铅、锌冶炼移动源绩效分级要求

对铅、锌冶炼移动源绩效分级的指标要求适用于以铅精矿、锌精矿、铅锌混合精矿或搭配处理含铅废料为主要原料的铅、锌冶炼工业企业。具体移动源管理要求如表 1.11 所示。

表 1.11　铅、锌冶炼行业绩效分级指标

差异化指标	A 级企业	B 级企业	C 级企业
运输方式	1.铅精矿运输采用铁路或水运（本市矿除外）比例不低于60%，码头入厂及厂内运输均采用封闭皮廊；铁路运输物料要求铁路专用线运输入厂，切实无法入厂的，使用新能源或达到国五及以上排放标准车辆（含燃气）转运入厂；公路运输全部使用达到国五及以上排放标准重型载货车辆（含燃气）或新能源车辆； 2.厂内运输车辆全部达到国五及以上排放标准（含燃气）或使用新能源车辆； 3.厂内非道路移动机械全部达到国三及以上排放标准或使用新能源机械； 4.大宗货物散装运输采用密闭运输	1.铅精矿运输采用铁路或水运（本市矿除外）比例不低于40%，码头入厂及厂内运输均采用封闭皮廊；铁路运输物料要求铁路专用线运输入厂，切实无法入厂的，使用新能源或达到国五及以上排放标准车辆（含燃气）转运入厂；公路运输使用达到国五及以上排放标准重型载货车辆（含燃气）或新能源车辆比例不低于80%； 2.厂内运输车辆达到国五及以上排放标准（含燃气）或使用新能源车辆比例不低于60%； 3.厂内非道路移动机械达到国三及以上排放标准或使用新能源机械比例不低于80%； 4.大宗货物散装运输采用密闭运输	未达到B级要求
运输监管	参照《重污染天气重点行业移动源应急管理技术指南》建立门禁系统和电子台账		未达到A、B级要求

1.2.14　钼冶炼移动源绩效分级要求

　　对钼冶炼移动源绩效分级的指标要求适用于焙烧钼精矿及钼铁冶炼的工业企业。具体移动源管理要求如表 1.12 所示。

表 1.12　钼冶炼行业绩效分级指标

差异化指标	A 级企业	B 级企业	C 级企业
运输方式	1. 物料公路运输全部使用达到国五及以上排放标准的重型载货车辆（含燃气）或新能源车辆； 2. 厂内运输车辆全部达到国五及以上排放标准（含燃气）或使用新能源车辆； 3. 厂内非道路移动机械全部达到国三及以上排放标准或使用新能源机械； 4. 大宗货物散装运输采用密闭运输	1. 物料公路运输使用达到国五及以上排放标准的重型载货车辆（含燃气）或新能源车辆比例不低于 80%； 2. 厂内运输车辆达到国五及以上排放标准（含燃气）或使用新能源车辆比例不低于 60%； 3. 厂内非道路移动机械达到国三及以上排放标准或使用新能源机械比例不低于 80%； 4. 大宗货物散装运输采用密闭运输	未达到 B 级要求
运输监管	参照《重污染天气重点行业移动源应急管理技术指南》建立门禁系统和电子台账		未达到 A、B 级要求

1.2.15　再生铜、铝、铅、锌移动源绩效分级要求

对再生铜、铝、铅、锌移动源绩效分级的指标要求适用于：①再生铜：以废杂铜、含铜污泥为原料，生产阳极铜、阴极铜或铜线杆的工业企业。②再生铝：以废杂铝为原料，生产铝及铝合金的工业企业。③再生铅：以废杂铅（主要是废铅蓄电池）为原料，生产粗铅、精炼铅及铅合金的工业企业。④再生锌：以含锌炼钢烟尘、高炉瓦斯灰、废杂锌、镀锌渣或含锌污泥为原料，生产金属锌、氧化锌及锌合金的工业企业。具体移动源管理要求如表 1.13 所示。

表 1.13　再生铜行业绩效分级指标

差异化指标	A 级企业	B 级企业	C 级企业
运输方式	1.物料公路运输使用达到国五及以上排放标准重型载货车辆（含燃气）或新能源车辆比例不低于50%，其余达到国四排放标准； 2.厂内运输车辆达到国五及以上排放标准（含燃气）或使用新能源车辆比例不低于50%，其余达到国四排放标准； 3.厂内非道路移动机械达到国三及以上排放标准或使用新能源机械比例不低于50%，其余达到国二排放标准	1.物料公路运输全部使用达到国四及以上排放标准重型载货车辆（含燃气）或新能源车辆； 2.厂内运输车辆全部达到国四及以上排放标准（含燃气）或使用新能源车辆； 3.厂内非道路移动机械全部达到国二及以上排放标准或使用新能源机械	未达到B级要求
运输监管	参照《重污染天气重点行业移动源应急管理技术指南》建立门禁系统和电子台账		未达到A、B级要求

1.2.16　有色金属压延移动源绩效分级要求

对有色金属压延移动源绩效分级的指标要求适用于铜压延加工和铝压延加工的工业企业。

①铜压延加工：以电解铜、锭坯、卷坯、再生铜原料及再生黄铜原料等为主要原料，生产铜及铜合金板、带、箔、管、棒、线及型材的工业企业。

②铝压延加工：用铝锭、电解铝液或以外购挤压用圆铸锭、铸轧卷、热轧用大扁锭为原料，重熔生产铝板、带、箔、管、棒、线、型材及表面处理的工业企业。

具体移动源管理要求如表 1.14 所示。

表 1.14　有色金属压延行业绩效分级指标

差异化 指标	A 级企业	B 级企业	C 级企业
运输 方式	1. 物料公路运输全部使用达到国五及以上排放标准重型载货车辆（含燃气）或新能源车辆； 2. 厂内运输车辆全部达到国五及以上排放标准（含燃气）或使用新能源车辆； 3. 厂内非道路移动机械全部达到国三及以上排放标准或使用新能源机械	1. 物料公路运输使用达到国五及以上排放标准重型载货车辆（含燃气）或新能源车辆比例不低于80%； 2. 厂内运输车辆达到国五及以上排放标准（含燃气）或使用新能源车辆比例不低于80%； 3. 厂内非道路移动机械达到国三及以上排放标准或使用新能源机械比例不低于80%	未达到 B 级要求
运输 监管	参照《重污染天气重点行业移动源应急管理技术指南》建立门禁系统和电子台账		未达到A、 B 级要求

1.2.17　水泥移动源绩效分级要求

对水泥移动源绩效分级的指标要求适用于水泥熟料（含利用电石渣、磷石膏）、粉磨站、矿渣粉、水泥制品等生产工业企业。其中，粉磨站（系统）、矿渣粉及水泥制品等仅制定引领性指标。具体移动源管理要求如表 1.15 所示。

表 1.15　水泥熟料企业绩效分级指标

差异化 指标	A 级企业	B 级企业	C 级企业	D 级企业
运输 方式	1. 物料（除水泥罐式货车外）公路运输全部使用达到国五及以上排放标准重型载货车辆（含燃气）或新能源车辆；	1. 物料（除水泥罐式货车外）公路运输使用达到国五及以上重型载货车辆（含燃气）或新能源车辆比例不低于80%，其他车辆达到国四排放标准；	物料（除水泥罐式货车外）公路运输使用达到国五及以上重型载货车辆（含燃气）或新能源车辆占比不低于50%	未达到C级要求

差异化 指标	A 级企业	B 级企业	C 级企业	D 级企业
运输 方式	2. 厂内运输车辆全部达到国五及以上排放标准（含燃气）或使用新能源车辆； 3. 厂内非道路移动机械全部达到国三及以上排放标准或使用新能源机械	2. 厂内运输车辆全部达到国五及以上排放标准（含燃气）或使用新能源车辆； 3. 厂内非道路移动机械全部达到国三及以上排放标准或使用新能源机械		未达到 C 级要求
运输 监管	参照《重污染天气重点行业移动源应急管理技术指南》建立门禁系统和电子台账		未达到 A、B 级要求	

1.2.18　砖瓦窑移动源绩效分级要求

对砖瓦窑移动源绩效分级的指标要求适用于生产烧结砖瓦制品和非烧结砖瓦制品的工业企业，其中非烧结砖瓦制品工业企业仅制定引领性指标。具体移动源管理要求如表 1.16 所示。

表 1.16　烧结砖瓦制品企业绩效分级指标

差异化 指标	A 级企业	B 级企业	C 级企业	D 级企业
运输 方式	1. 物料公路运输全部使用达到国五及以上排放标准重型载货车辆（含燃气）或新能源车辆；	1. 物料公路运输使用达到国五及以上排放标准重型载货车辆（含燃气）或新能源车辆占比不低于50%，其他车辆达到国四排放标准；	1. 物料公路运输使用达到国五及以上排放标准重型载货车辆（含燃气）或新能源车辆占比不低于30%；	未达到 C 级要求

续表

差异化指标	A 级企业	B 级企业	C 级企业	D 级企业
运输方式	2. 厂内运输车辆全部达到国五及以上排放标准（含燃气）或使用新能源车辆； 3. 厂内非道路移动机械全部达到国三及以上排放标准或使用新能源机械	2. 厂内运输使用达到国五及以上排放标准（含燃气）或新能源车辆占比不低于 50%，其他车辆达到国四排放标准； 3. 厂内非道路移动机械全部达到国三及以上排放标准或使用新能源机械	2. 厂内运输使用达到国五及以上排放标准（含燃气）或新能源车辆占比不低于 30%； 3. 厂内非道路移动机械达到国三及以上排放标准或使用新能源机械的占比不低于 50%	未达到 C 级要求
运输监管	参照《重污染天气重点行业移动源应急管理技术指南》建立门禁系统和电子台账	未达到 A、B 级要求		

1.2.19　陶瓷移动源绩效分级要求

对陶瓷移动源绩效分级的指标要求适用于用黏土类及其他矿物原料经过粉碎加工、成型、煅烧等过程制成各种陶瓷制品的工业企业，主要包括建筑陶瓷、卫生陶瓷、日用陶瓷、园林艺术陶瓷、特种陶瓷和其他陶瓷，以及独立的陶瓷原料加工、干法制粉或陶瓷烧成、烤花工厂。除建筑陶瓷外，其他陶瓷生产工业企业仅制定引领性指标。具体移动源管理要求如表 1.17 所示。

表 1.17　陶瓷企业绩效分级指标（建筑陶瓷）

差异化指标	A 级企业	B 级企业	C 级企业	D 级企业
运输方式	1. 物料公路运输全部使用达到国五及以上排放标准重型载货车辆（含燃气）或新能源车辆；	1. 物料公路运输使用达到国五及以上排放标准重型载货车辆（含燃气）或新能源车辆占比不低于 50%，其他车辆达到国四排放标准；	物料公路运输全部使用达到国四及以上排放标准重型载货车辆（含燃气）或新能源车辆	未达到 C 级要求

续表

差异化指标	A 级企业	B 级企业	C 级企业	D 级企业
运输方式	2.厂内运输车辆全部达到国五及以上排放标准（含燃气）或使用新能源车辆； 3.厂内非道路移动机械全部达到国三及以上排放标准或使用新能源机械	2.厂内运输使用达到国五及以上排放标准（含燃气）或新能源车辆占比不低于50%，其他车辆达到国四排放标准； 3.厂内非道路移动机械全部达到国三及以上排放标准或使用新能源机械		未达到C级要求
运输监管	参照《重污染天气重点行业移动源应急管理技术指南》建立门禁系统和电子台账		未达到A、B级要求	

1.2.20　耐火材料移动源绩效分级要求

对耐火材料移动源绩效分级的指标要求适用于采用高温竖窑、高温隧道窑、其他高温炉窑（包括电熔工艺）及其他工艺生产耐火原料和耐火制品的工业企业。其中，独立不定形耐火制品工业企业仅制定引领性指标。具体移动源管理要求如表1.18所示。

表 1.18　耐火原料和制品企业绩效分级指标

差异化指标	A 级企业	B 级企业	C 级企业	D 级企业
运输方式	1.物料公路运输全部使用达到国五及以上排放标准重型载货车辆（含燃气）或新能源车辆；	1.物料公路运输使用达到国五及以上排放标准重型载货车辆（含燃气）或新能源车辆比例不低于50%；	1.物料公路运输使用达到国五及以上排放标准重型载货车辆（含燃气）或新能源车辆比例不低于30%；	未达到C级要求

差异化指标	A 级企业	B 级企业	C 级企业	D 级企业
运输方式	2.厂内运输车辆全部达到国五及以上排放标准（含燃气）或使用新能源车辆； 3.厂内非道路移动机械全部达到国三及以上排放标准或使用新能源机械	2.厂内运输车辆达到国五及以上排放标准（含燃气）或使用新能源车辆比例不低于 50%； 3.厂内非道路移动机械达到国三及以上排放标准或使用新能源机械比例不低于 50%	2.厂内运输车辆达到国五及以上排放标准（含燃气）或使用新能源车辆比例不低于 30%	未达到C级要求
运输监管	参照《重污染天气重点行业移动源应急管理技术指南》建立门禁系统和电子台账	未达到 A、B 级要求		

1.2.21　玻璃移动源绩效分级要求

对玻璃移动源绩效分级的指标要求适用于平板玻璃、日用玻璃、玻璃棉和玻璃纤维、电子玻璃制造的工业企业。其中，玻璃后加工、玻璃球拉丝工业企业仅制定引领性指标。具体移动源管理要求如表 1.19 所示。

表 1.19　平板玻璃、日用玻璃、电子玻璃、玻璃棉企业绩效分级指标

差异化指标	A 级企业	B 级企业	C 级企业	D 级企业
运输方式	1.物料公路运输全部使用达到国五及以上排放标准重型载货车辆（含燃气）或新能源车辆； 2.厂内运输车辆全部达到国五及以上排放标准（含燃气）或使用新能源车辆； 3.厂内非道路移动机械全部达到国三及以上排放标准或使用新能源机械	1.物料公路运输使用达到国五及以上排放标准重型载货车辆（含燃气）或新能源车辆占比不低于 80%，其他车辆达到国四排放标准； 2.厂内运输使用达到国五及以上排放标准（含燃气）或新能源车辆占比不低于 80%，其他车辆达到国四排放标准； 3.厂内非道路移动机械达到国三及以上排放标准或使用新能源机械占比不低于 60%	物料公路运输使用达到国五及以上排放标准重型载货车辆（含燃气）或新能源车辆占比不低于 30%	未达到C级要求

续表

差异化指标	A级企业	B级企业	C级企业	D级企业
运输监管	参照《重污染天气重点行业移动源应急管理技术指南》建立门禁系统和电子台账		未达到A、B级要求	

1.2.22 岩矿棉移动源绩效分级要求

对岩矿棉移动源绩效分级的指标要求适用于岩棉、矿渣棉、热熔渣棉及制品深加工工业企业。其中，制品深加工工业企业仅制定引领性指标。具体移动源管理要求如表 1.20 所示。

表 1.20 岩棉、矿渣棉、热熔渣棉企业绩效分级指标

差异化指标	A级企业	B级企业	C级企业	D级企业
运输方式	1.物料公路运输全部使用达到国五及以上排放标准重型载货车辆（含燃气）或新能源车辆； 2.厂内运输车辆全部达到国五及以上排放标准（含燃气）或使用新能源车辆； 3.厂内非道路移动机械全部达到国三及以上排放标准或使用新能源机械	1.物料公路运输使用达到国五及以上排放标准重型载货车辆（含燃气）或新能源车辆比例不低于60%，其他车辆达到国四排放标准； 2.厂内运输使用达到国五及以上排放标准（含燃气）或新能源车辆比例不低于60%，其他车辆达到国四排放标准； 3.厂内非道路移动机械全部达到国三及以上排放标准或使用新能源机械比例不低于50%	物料公路运输使用达到国五及以上排放标准重型载货车辆（含燃气）或新能源车辆比例不低于30%	未达到C级要求
运输监管	参照《重污染天气重点行业移动源应急管理技术指南》建立门禁系统和电子台账		未达到A、B级要求	

1.2.23　玻璃钢（纤维增强塑料制品）移动源绩效分级要求

对玻璃钢（纤维增强塑料制品）移动源绩效分级的指标要求适用于玻璃纤维、碳纤维、玄武岩纤维、芳纶纤维等作为增强材料，以各类热固性或热塑性合成树脂作基体材料生产纤维增强塑料制品等的工业企业。具体移动源管理要求如表 1.21 所示。

表 1.21　玻璃钢（纤维增强塑料制品）企业绩效引领性指标

引领性指标	玻璃钢（纤维增强塑料制品）
运输方式	1. 物料公路运输全部使用达到国五及以上排放标准重型载货车辆（含燃气）或新能源车辆； 2. 厂内运输车辆全部达到国五及以上排放标准（含燃气）或使用新能源车辆； 3. 厂内非道路移动机械全部达到国三及以上排放标准或使用新能源机械
运输监管	参照《重污染天气重点行业移动源应急管理技术指南》建立门禁系统和电子台账

1.2.24　防水建筑材料制造移动源绩效分级要求

对防水建筑材料制造移动源绩效分级的指标要求适用于以沥青或类似材料为主要原料制造防水材料的工业企业。橡胶防水卷材企业参照橡胶制品制造行业绩效分级，塑料类防水卷材不参与绩效分级但需执行相应减排措施。具体移动源管理要求如表 1.22 所示。

表 1.22　防水建筑材料行业绩效分级指标

差异化指标	A 级企业	B 级企业	C 级企业
运输方式	1. 物料公路运输全部使用达到国五及以上排放标准重型载货车辆（含燃气）或新能源车辆； 2. 厂内运输车辆全部达到国五及以上排放标准（含燃气）或使用新能源车辆； 3. 厂内非道路移动机械全部达到国三及以上排放标准或使用新能源机械	1. 物料公路运输使用达到国五及以上排放标准重型载货车辆（含燃气）或新能源车辆比例不低于 70%； 2. 厂内运输车辆达到国五及以上排放标准（含燃气）或使用新能源车辆比例不低于 70%； 3. 厂内非道路移动机械达到国三及以上排放标准或使用新能源机械比例不低于 70%	未达到B 级要求
运输监管	参照《重污染天气重点行业移动源应急管理技术指南》建立门禁系统和电子台账		未达到 A、B 级要求

1.2.25　炼油与石油化工移动源绩效分级要求

对炼油与石油化工移动源绩效分级的指标要求适用于石油炼制和石油化学工业企业。具体要求如表 1.23 所示。

表 1.23　炼油与石油化工行业绩效分级指标

差异化指标	A 级企业	B 级企业	C 级企业	D 级企业
运输方式	炼油企业及炼化一体化企业：大宗物料和产品采用清洁运输方式比例不低于 80%；其他公路运输全部使用达到国五及以上排放标准重型载货车辆（含燃气）或新能源车辆；	炼油企业及炼化一体化企业：大宗物料和产品采用清洁运输方式比例不低于 50%；公路运输使用达到国五及以上排放标准重型载货车辆（含燃气）或新能源车辆比例不低于 50%，其他采用国四排放标准重型载货车辆；	炼油企业及炼化一体化企业：大宗物料和产品采用清洁运输方式比例不低于 50%；公路运输使用达到国五及以上排放标准重型载货车辆（含燃气）或新能源车辆比例不低于 20%；	未达到C 级要求

差异化指标	A 级企业	B 级企业	C 级企业	D 级企业
运输方式	石油化学工业企业：大宗物料和产品优先采用清洁运输方式，公路运输全部使用国五及以上排放标准重型载货车辆（含燃气）或新能源车辆	石油化学工业企业：大宗物料和产品优先采用清洁运输方式，公路运输全部使用国五及以上排放标准重型载货车辆（含燃气）或新能源车辆比例不低于50%，其他采用国四排放标准重型载货车辆	石油化学工业企业：大宗物料和产品优先采用清洁运输方式，公路运输全部使用国五及以上排放标准重型载货车辆（含燃气）或新能源车辆比例不低于20%	未达到 C 级要求
	厂内运输车辆全部达到国五及以上排放标准或使用新能源车辆；厂内非道路移动机械全部达到国三及以上排放标准或使用新能源机械	厂内运输车辆达到国五及以上排放标准或使用新能源车辆比例不低于50%，其他采用国四排放标准重型载货车辆；非道路移动机械达到国三及以上排放标准或使用新能源机械比例不低于50%	未达到 B 级要求	
运输监管	参照《重污染天气重点行业移动源应急管理技术指南》建立门禁系统和电子台账		未达到 A、B 级要求	

1.2.26　炭黑制造移动源绩效分级要求

对炭黑制造移动源绩效分级的指标要求适用于以煤、天然气、重油、燃料油等含碳物质不完全燃烧或受热分解生产炭黑的工业企业，其中，炭黑按性能可分为碳耐磨炉黑、通用炉黑、色素炭黑、特种炭黑等。具体移动源管理要求如表 1.24 所示。

表 1.24　炭黑制造行业绩效分级指标

差异化指标	A 级企业	B 级企业	C 级企业	D 级企业
运输方式	1.大宗物料和原材料优先采用铁路、水路等清洁方式，公路运输全部使用达到国五及以上排放标准重型载货车辆（含燃气）或新能源车辆； 2.厂内运输车辆全部达到国五及以上排放标准（含燃气）或使用新能源车辆； 3.厂内非道路移动机械全部达到国三及以上排放标准或使用新能源机械	1.大宗物料和原材料优先采用铁路、水路等清洁方式，公路运输使用达到国五及以上排放标准重型载货车辆（含燃气）或新能源车辆比例不低于50%，其他车辆达到国四排放标准； 2.厂内运输车辆达到国五及以上排放标准（含燃气）或使用新能源车辆比例不低于50%，其他车辆达到国四排放标准； 3.厂内非道路移动机械达到国三及以上排放标准或使用新能源机械比例不低于50%	1.大宗物料和原材料优先采用铁路、水路等清洁方式，公路运输使用达到国五及以上排放标准重型载货车辆（含燃气）或新能源车辆比例不低30%； 2.厂内运输车辆达到国五及以上排放标准（含燃气）或使用新能源车辆比例不低于30%； 3.厂内非道路移动机械达到国三及以上排放标准或使用新能源机械比例不低于30%	未达到 C 级要求
运输监管	参照《重污染天气重点行业移动源应急管理技术指南》建立门禁系统和电子台账		未达到 A、B 级要求	

1.2.27　煤制氮肥移动源绩效分级要求

对煤制氮肥移动源绩效分级的指标要求适用于以煤为原料制备氮肥的工业企业，不包括以石油、天然气为原料制备氮肥的企业。具体移动源管理要求如表 1.25 所示。

表 1.25　煤制氮肥行业绩效分级指标

差异化指标	A 级企业	B 级企业	C 级企业	D 级企业
运输方式	1. 物料公路运输全部使用达到国五及以上排放标准的重型载货车辆（含燃气）或新能源汽车； 2. 厂内运输车辆全部达国五及以上排放标准（含燃气）或使用新能源汽车； 3. 厂内非道路移动机械全部达到国三及以上排放标准或使用新能源机械	1. 物料公路运输使用达到国五及以上排放标准的重型载货车辆（含燃气）或新能源汽车比例不低于70%，其他车辆达到国四排放标准； 2. 厂内运输车辆达到国五及以上排放标准（含燃气）或使用新能源汽车比例不低于70%，其他车辆达到国四排放标准； 3. 厂内非道路移动机械达到国三及以上排放标准或使用新能源机械比例不低于70%	1. 物料公路运输使用达到国五及以上排放标准的重型载货车辆（含燃气）或新能源汽车比例不低于50%； 2. 厂内运输车辆达到国五及以上排放标准（含燃气）或使用新能源汽车比例不低于50%； 3. 厂内非道路移动机械达到国三及以上排放标准或使用新能源机械比例不低于50%	未达到 C 级要求
运输监管	参照《重污染天气重点行业移动源应急管理技术指南》建立门禁系统和电子台账	未达到 A、B 级要求		

1.2.28　制药移动源绩效分级要求

对制药移动源绩效分级的指标要求适用于进一步加工化学药品制剂所需原料药的工业企业（含制药企业原料药中间体生产）、兽用药品制造中化学原料药的工业企业（含兽药企业原料药中间体生产）；采用化学合成技术、生物发酵技术以及提取技术生产化学药物的化学原料药工业企业，不包括化学药品制剂制造、生物药品制品制造、中药饮片加工、中成药生产等企业。具体移动源管理要求如表 1.26 所示。

表 1.26　制药行业绩效分级指标

差异化指标	A 级企业	B 级企业	C 级企业	D 级企业
运输方式	1. 涉及专用车辆运输危险化学品物料、产品的，使用达到国五及以上排放标准重型载货车辆（含燃气）或新能源汽车比例不低于80%；其他原辅料、燃料、产品公路运输全部使用达到国五及以上排放标准的重型载货车辆（含燃气）或新能源汽车； 2. 厂内运输车辆全部达到国五及以上排放标准（含燃气）或使用新能源汽车； 3. 厂内非道路移动机械全部达到国三及以上排放标准或使用新能源机械	1. 涉及专用车辆运输危险化学品物料、产品的，使用达到国五及以上排放标准重型载货车辆（含燃气）或新能源汽车比例不低于80%；其他原辅料、燃料、产品公路运输使用达到国五及以上排放标准的重型载货车辆（含燃气）或新能源汽车比例不低于80%，其他车辆达到国四排放标准； 2. 厂内运输车辆达到国五及以上排放标准（含燃气）或使用新能源汽车比例不低于80%，其他车辆达到国四排放标准； 3. 厂内非道路移动机械达到国三及以上排放标准或使用新能源机械比例不低于80%	1. 涉及专用车辆运输危险化学品物料、产品的，使用达到国五及以上排放标准重型载货车辆（含燃气）或新能源汽车比例不低于50%；其他原辅料、燃料、产品公路运输使用达到国五及以上排放标准的重型载货车辆（含燃气）或新能源汽车比例不低于50%； 2. 厂内运输车辆达到国五及以上排放标准（含燃气）或使用新能源汽车比例不低于50%； 3. 厂内非道路移动机械达到国三及以上排放标准或使用新能源机械比例不低于50%	未达到 C 级要求
运输监管	参照《重污染天气重点行业移动源应急管理技术指南》建立门禁系统和电子台账		未达到 A、B 级要求	

1.2.29　农药制造移动源绩效分级要求

对农药制造移动源绩效分级的指标要求适用于农药中间体制造、原药制造、涉及化学反应及有机溶剂提取的生物农药制造工业企业，不包括制剂加工企业。具体移动源管理要求如表 1.27 所示。

表 1.27　农药制造行业绩效分级指标

差异化指标	A 级企业	B 级企业	C 级企业	D 级企业
运输方式	1. 涉及专用车辆运输危险化学品物料、产品的，使用达到国五及以上排放标准重型载货车辆（含燃气）或新能源汽车比例不低于 80%；其他原辅料、燃料、产品公路运输全部使用达到国五及以上排放标准的重型载货车辆（含燃气）或新能源汽车； 2. 厂内运输车辆全部达到国五及以上排放标准（含燃气）或使用新能源汽车； 3. 厂内非道路移动机械全部达到国三及以上排放标准或使用新能源机械	1. 涉及专用车辆运输危险化学品物料、产品的，使用达到国五及以上排放标准重型载货车辆（含燃气）或新能源汽车比例不低于 80%；其他原辅料、燃料、产品公路运输使用达到国五及以上排放标准的重型载货车辆（含燃气）或新能源汽车比例不低于 80%，其他车辆达到国四排放标准； 2. 厂内运输车辆达到国五及以上排放标准（含燃气）或使用新能源汽车比例不低于 80%，其他车辆达到国四排放标准； 3. 厂内非道路移动机械达到国三及以上排放标准或使用新能源机械比例不低于 80%	1. 涉及专用车辆运输危险化学品物料、产品的，使用达到国五及以上排放标准重型载货车辆（含燃气）或新能源汽车比例不低于 50%；其他原辅料、燃料、产品公路运输使用达到国五及以上排放标准的重型载货车辆（含燃气）或新能源汽车比例不低于 50%； 2. 厂内运输车辆达到国五及以上排放标准（含燃气）或使用新能源汽车比例不低于 50%； 3. 厂内非道路移动机械达到国三及以上排放标准或使用新能源机械比例不低于 50%	未达到 C 级要求
运输监管	参照《重污染天气重点行业移动源应急管理技术指南》建立门禁系统和电子台账	未达到 A、B 级要求		

1.2.30　涂料制造移动源绩效分级要求

对涂料制造移动源绩效分级的指标要求适用于水性涂料、溶剂型涂料、粉末涂料制造的工业企业，不包括合成树脂制造企业。具体移动源管理要求如表 1.28 所示。

表 1.28 涂料制造绩效分级指标

差异化指标	A 级企业	B 级企业	C 级企业	D 级企业
运输方式	1. 涉及专用车辆运输危险化学品物料、产品的,使用达到国五及以上排放标准重型载货车辆(含燃气)或新能源汽车比例不低于80%;其他原辅料、燃料、产品公路运输全部使用达到国五及以上排放标准的重型载货车辆(含燃气)或新能源汽车; 2. 厂内运输车辆全部达到国五及以上排放标准(含燃气)或使用新能源汽车; 3. 厂内非道路移动机械全部达到国三及以上排放标准或使用新能源机械	1. 涉及专用车辆运输危险化学品物料、产品的,使用达到国五及以上排放标准重型载货车辆(含燃气)或新能源汽车比例不低于80%;其他原辅料、燃料、产品公路运输使用达到国五及以上排放标准的重型载货车辆(含燃气)或新能源汽车比例不低于80%,其他车辆达到国四排放标准; 2. 厂内运输车辆达到国五及以上排放标准(含燃气)或使用新能源汽车比例不低于80%,其他车辆达到国四排放标准; 3. 厂内非道路移动机械达到国三及以上排放标准或使用新能源机械比例不低于80%	1. 涉及专用车辆运输危险化学品物料、产品的,使用达到国五及以上排放标准重型载货车辆(含燃气)或新能源汽车比例不低于50%;其他原辅料、燃料、产品公路运输使用达到国五及以上排放标准的重型载货车辆(含燃气)或新能源汽车比例不低于50%; 2. 厂内运输车辆达到国五及以上排放标准(含燃气)或使用新能源汽车比例不低于50%; 3. 厂内非道路移动机械达到国三及以上排放标准或使用新能源机械比例不低于50%	未达到 C 级要求
运输监管	参照《重污染天气重点行业移动源应急管理技术指南》建立门禁系统和电子台账	未达到 A、B 级要求		

1.2.31 油墨制造移动源绩效分级要求

对油墨制造移动源绩效分级的指标要求适用于油墨制造工业企业,不包括书写或绘画用墨水、墨汁和特种油墨制造。油墨按溶剂类型分为溶剂型油墨、水性油墨、胶印油墨、能量固化油墨、雕刻凹版油墨,按印刷版式分为平版油墨、凸版油墨、凹版油墨、网孔版油墨、专用油墨。其中,涉及合成树脂制造工序可参照炼油与石油化工绩效分级标准执行。具体移动源管理要求如表 1.29 所示。

表 1.29　油墨制造绩效分级指标

差异化指标	A级企业	B级企业	C级企业	D级企业
运输方式	1.涉及专用车辆运输危险化学品物料、产品的，使用达到国五及以上排放标准重型载货车辆（含燃气）或新能源汽车比例不低于80%；其他原辅料、燃料、产品公路运输全部使用达到国五及以上排放标准的重型载货车辆（含燃气）或新能源汽车； 2.厂内运输车辆全部达到国五及以上排放标准（含燃气）或使用新能源汽车； 3.厂内非道路移动机械全部达到国三及以上排放标准或使用新能源机械	1.涉及专用车辆运输危险化学品物料、产品的，使用达到国五及以上排放标准重型载货车辆（含燃气）或新能源汽车比例不低于80%；其他原辅料、燃料、产品公路运输使用达到国五及以上排放标准的重型载货车辆（含燃气）或新能源汽车比例不低于80%，其他车辆达到国四排放标准； 2.厂内运输车辆达到国五及以上排放标准（含燃气）或使用新能源汽车比例不低于80%，其他车辆达到国四排放标准； 3.厂内非道路移动机械达到国三及以上排放标准或使用新能源机械比例不低于80%	1.涉及专用车辆运输危险化学品物料、产品的，使用达到国五及以上排放标准重型载货车辆（含燃气）或新能源汽车比例不低于50%；其他原辅料、燃料、产品公路运输使用达到国五及以上排放标准的重型载货车辆（含燃气）或新能源汽车比例不低于50%； 2.厂内运输车辆达到国五及以上排放标准（含燃气）或使用新能源汽车比例不低于50%； 3.厂内非道路移动机械达到国三及以上排放标准或使用新能源机械比例不低于50%	未达到C级要求
运输管控要求	参照《重污染天气重点行业移动源应急管理技术指南》建立门禁系统和电子台账	未达到A、B级要求		

1.2.32　纤维素醚移动源绩效分级要求

对纤维素醚移动源绩效分级的指标要求适用于以纤维素为主要原材料制造纤维素醚的工业企业，纤维素醚包括羧甲基纤维素钠、甲基纤维素及其衍生物、羟乙基纤维素等。具体移动源管理要求如表1.30所示。

表 1.30　纤维素醚企业绩效引领性指标

引领性指标	纤维素醚
运输方式	1. 物料、产品涉及危险化学品运输专用车辆的，80% 使用达到国五及以上排放标准重型载货车辆（含燃气）或新能源车辆； 2. 物料公路运输全部使用达到国五及以上排放标准重型载货车辆（含燃气）或新能源车辆； 3. 厂内运输车辆全部达到国五及以上排放标准（含燃气）或使用新能源车辆； 4. 厂内非道路移动机械全部达到国三及以上排放标准或使用新能源机械
运输监管	参照《重污染天气重点行业移动源应急管理技术指南》建立门禁系统和电子台账

1.2.33　包装印刷移动源绩效分级要求

对包装印刷移动源绩效分级的指标要求适用于现有包装印刷企业或生产设施。包装印刷按照承印材料可分为纸制品包装印刷、塑料彩印软包装印刷、金属包装印刷（以印铁制罐为主）以及其他类包装印刷，主要涉及《国民经济行业分类》（GB/T 4754—2017）中规定的包装装潢及其他印刷（C2319）等。具体移动源管理要求如表 1.31 所示。

表 1.31　包装印刷行业绩效分级指标

差异化指标	A 级企业	B 级企业	C 级企业	D 级企业
运输方式	1. 物料公路运输全部使用达到国五及以上排放标准重型载货车辆（含燃气）或新能源车辆； 2. 厂内运输车辆全部达到国五及以上排放标准（含燃气）或使用新能源车辆；	1. 物料公路运输使用达到国五及以上排放标准重型载货车辆（含燃气）或新能源车辆占比不低于80%，其他车辆达到国四排放标准； 2. 厂内运输使用达到国五及以上排放标准车辆（含燃气）或新能源车辆占比不低于80%，其他车辆达到国四排放标准；	1. 物料公路运输使用达到国五及以上排放标准重型载货车辆（含燃气）或新能源车辆占比不低于50%； 2. 厂内运输使用达到国五及以上排放标准车辆（含燃气）或新能源车辆占比不低于50%；	未达到C级要求

续表

差异化 指标	A 级企业	B 级企业	C 级企业	D 级 企业
运输 方式	3.厂内非道路移动机械全部达到国三及以上排放标准或使用新能源机械	3.厂内非道路移动机械使用达到国三及以上排放标准或新能源机械占比不低于 80%	3.厂内非道路移动机械使用达到国三及以上排放标准或新能源机械占比不低于 50%	未达到 C 级要求
运输 监管	参照《重污染天气重点行业移动源应急管理技术指南》建立门禁系统和电子台账	未达到 A、B 级要求		

1.2.34　人造板制造移动源绩效分级要求

对人造板制造移动源绩效分级的指标要求适用于生产胶合板、刨花板、纤维板、细木工板、饰面人造板（不含油漆饰面）等产品的工业企业。油漆饰面人造板企业可参照其他工业涂装绩效分级标准执行。具体移动源管理要求如表 1.32 所示。

表 1.32　人造板行业绩效分级指标

差异化 指标	A 级企业	B 级企业	C 级 企业
运输 方式	1.物料公路运输全部使用达到国五及以上排放标准的重型载货车辆（含燃气）或新能源汽车； 2.厂内运输车辆全部达到国五及以上排放标准（含燃气）或使用新能源汽车； 3.厂内非道路移动机械全部达到国三及以上排放标准或使用新能源机械	1.物料公路运输使用达到国五及以上排放标准的重型载货车辆（含燃气）或新能源汽车比例不低于 50%； 2.厂内运输车辆达到国五及以上排放标准（含燃气）或使用新能源汽车比例不低于 50%； 3.厂内非道路移动机械达到国三及以上排放标准或使用新能源机械比例不低于 50%	未达到 B 级要求
运输 监管	参照《重污染天气重点行业移动源应急管理技术指南》建立门禁系统和电子台账		未达到 A、B 级要求

1.2.35 塑料人造革与合成革制造移动源绩效分级要求

对塑料人造革与合成革制造移动源绩效分级的指标要求适用于塑料人造革制造、塑料合成革制造的工业企业。塑料人造革外观和手感似皮革，其透气、透湿性虽然略逊色于天然革，但具有优异的物理、机械性能，如强度和耐磨性等，并可代替天然革使用的塑料人造革；塑料合成革指模拟天然人造革的组成和结构，正反面都与皮革十分相似，比普通人造革更近似天然革，并可代替天然革。具体移动源管理要求如表1.33所示。

表 1.33　塑料人造革与合成革行业绩效引领性指标

引领性指标	聚氯乙烯人造革	聚氨酯合成革	超细纤维合成革
运输方式	1. 物料、产品运输全部使用达到国五及以上排放标准重型载货车辆（含燃气）或者使用新能源汽车； 2. 厂内运输全部使用达到国五及以上排放标准重型载货车辆（含燃气）或者使用新能源汽车； 3. 厂内非道路移动机械全部达到国三及以上排放标准或使用纯电动机械		
运输监管	参照《重污染天气重点行业移动源应急管理技术指南》建立门禁系统和电子台账		

1.2.36 橡胶制品制造移动源绩效分级要求

对橡胶制品制造移动源绩效分级的指标要求适用于以天然橡胶、合成橡胶和再生橡胶为原料生产各种橡胶制品的工业企业，包括轮胎制品制造（含轮胎翻新），橡胶板、管、带制造，橡胶零件制造，日用及医用橡胶制品制造，运动场地用塑胶制造及其他橡胶制品制造，不包括橡胶鞋制造和以废轮胎、废橡胶为主要原料生产硫化橡胶粉、再生橡胶、热裂解油等产品的活动。轮胎翻新企业不参与绩效分级。具体移动源管理要求如表1.34所示。

表 1.34　橡胶制品行业绩效分级指标

差异化指标		A 级企业	B 级企业	C 级企业	D 级企业
运输方式	轮胎制品制造	1. 物料公路运输全部使用达到国五及以上排放标准车辆（含燃气）或新能源车辆； 2. 厂内运输车辆全部达到国五及以上排放标准（含燃气）或使用新能源车辆； 3. 厂内非道路移动机械全部达到国四排放标准或使用新能源机械	1. 物料公路运输使用达到国五及以上排放标准重型载货车辆（含燃气）或新能源车辆占比不低于 50%，其他车辆达到国四排放标准； 2. 厂内运输使用达到国五及以上排放标准车辆（含燃气）或新能源车辆占比不低于 50%，其他车辆达到国四排放标准； 3. 厂内非道路移动机械使用达到国三及以上排放标准或比不低于 50%	未达到 B 级要求	
	橡胶板、管、带制品制造，橡胶零件制造，日用及医用橡胶制品制造，运动场地用塑胶制品制造，其他橡胶制品制造	1. 物料公路运输使用达到国五及以上排放标准重型载货车辆（含燃气）或新能源车辆占比不低于 50%，其他车辆达到国四排放标准； 2. 厂内运输使用达到国五及以上排放标准车辆（含燃气）或新能源车辆达到国四排放标准；其他车辆达到国四排放标准； 3. 厂内非道路移动机械使用达到国三及以上排放标准占比不低于 50%	1. 物料公路运输全部使用达到国四及以上排放标准重型载货车辆（含燃气）或新能源车辆； 2. 厂内运输车辆全部达到国四及以上排放标准（含燃气）或使用新能源车辆； 3. 厂内非道路移动机械使用或达到新能源机械	未达到 B 级要求	
运输监管		参照《重污染天气重点行业移动源应急管理技术指南》建立门禁系统和电子台账		未达到 A、B 级要求	

1.2.37 制鞋移动源绩效分级要求

对制鞋移动源绩效分级的指标要求适用于纺织面料鞋制造、皮鞋制造、塑料鞋制造、橡胶鞋制造和其他制鞋业。具体移动源管理要求如表 1.35 所示。

表 1.35 制鞋工业绩效引领性指标

引领性指标	制鞋工业
运输方式	1. 物料公路运输使用达到国五及以上排放标准重型载货车辆（含燃气）或新能源车辆占比为 100%； 2. 厂内运输使用达到国五及以上排放标准车辆（含燃气）或新能源车辆占比为 100%； 3. 厂内非道路移动机械使用达到国三及以上排放标准或新能源机械占比为 100%
运输监管	参照《重污染天气重点行业移动源应急管理技术指南》建立门禁系统和电子台账

1.2.38 家具制造移动源绩效分级要求

对家具制造移动源绩效分级的指标要求适用于用木材、金属、竹、藤等材料，配以其他辅料（如油漆、贴面材料等）制作各类家具的工业企业，主要包括木质家具制造、竹藤家具制造、金属家具制造及其他家具制造。具体移动源管理要求如表 1.36 所示。

表 1.36 家具制造绩效分级指标

差异化指标	A 级企业	B 级企业	C 级企业
运输方式	1. 物料公路运输全部使用达到国五及以上排放标准重型载货车辆（含燃气）或新能源车辆；	1. 物料公路运输使用达到国五及以上排放标准重型载货车辆（含燃气）或新能源车辆占比不低于 50%；	未达到 B 级要求

差异化指标	A 级企业	B 级企业	C 级企业
运输方式	2. 厂内运输车辆全部达到国五及以上排放标准（含燃气）或使用新能源车辆； 3. 厂内非道路移动机械全部达到国三及以上排放标准或使用新能源机械	2. 厂内运输使用达到国五及以上排放标准车辆（含燃气）或新能源车辆占比不低于 50%； 3. 厂内非道路移动机械使用达到国三及以上排放标准或新能源机械占比不低于 50%	未达到B 级要求
运输监管	参照《重污染天气重点行业移动源应急管理技术指南》建立门禁系统和电子台账		未达到 A、B 级要求

1.2.39　汽车整车制造移动源绩效分级要求

对汽车整车制造移动源绩效分级的指标要求适用于现有汽车整车制造排污单位涂装工序或生产设施。汽车整车制造排污单位是指从事汽柴油车整车和新能源车整车制造的排污单位，包括乘用车、客车、载货汽车及汽车底盘制造。汽车整车制造业主要涉及《国民经济行业分类》（GB/T 4754—2017）中规定的汽车整车制造（C361）等。具体移动源管理要求如表 1.37 所示。

表 1.37　汽车整车制造绩效分级指标

差异化指标	A 级企业	B 级企业	C 级企业	D 级企业
运输方式	1. 物料公路运输全部使用达到国五及以上排放标准重型载货车辆（含燃气）或新能源车辆；	1. 物料公路运输使用达到国五及以上排放标准重型载货车辆（含燃气）或新能源车辆占比不低于80%，其他车辆达到国四排放标准；	1. 物料公路运输使用达到国五及以上排放标准重型载货车辆（含燃气）或新能源车辆占比不低于50%；	未达到C 级要求

续表

差异化指标	A级企业	B级企业	C级企业	D级企业
运输方式	2.厂内运输车辆全部达到国五及以上排放标准（含燃气）或使用新能源车辆； 3.厂内非道路移动机械全部达到国三及以上排放标准或使用新能源机械	2.厂内运输使用达到国五及以上排放标准车辆（含燃气）或新能源车辆比例不低于80%，其他车辆达到国四排放标准； 3.厂内非道路移动机械使用达到国三及以上排放标准或新能源机械比例不低于80%	2.厂内运输使用达到国五及以上排放标准车辆（含燃气）或新能源车辆比例不低于50%； 3.厂内非道路移动机械使用达到国三及以上排放标准或新能源机械比例不低于50%	未达到C级要求
运输监管	参照《重污染天气重点行业移动源应急管理技术指南》建立门禁系统和电子台账	未达到A、B级要求		

1.2.40　工程机械整机制造移动源绩效分级要求

对工程机械整机制造移动源绩效分级的指标要求适用于现有工程机械整机制造排污单位涂装工序或生产设施。工程机械是指土石方工程、流动起重装卸工程、人货升降输送工程、市政与环卫及各种建设工程、综合机械化施工以及同上述工程相关的生产过程机械化所应用的机械设备，主要包括挖掘机械、铲土运输机械、起重机械、工业车辆、压实机械、桩工机械、混凝土机械、钢筋及预应力机械、路面施工及养护机械、高空作业机械、装修机械、凿岩机械、气动工具、电梯与扶梯、市政与环卫机械、军用工程机械、掘进机械、混凝土制品机械、工程机械配套件、其他专用工程机械、冰雪及救援装备等21大类产品。工程机械整机制造业主要涉及《国民经济行业分类》（GB/T 4754—2017）中规定的物料搬运设备制造（C343）、采矿/冶金/建筑专用设备制造（C351）等。具体移动源管理要求如表1.38所示。

表 1.38　工程机械整机制造绩效分级指标

差异化指标	A 级企业	B 级企业	C 级企业	D 级企业
运输方式	1. 物料公路运输全部使用达到国五及以上排放标准重型载货车辆（含燃气）或新能源车辆； 2. 厂内运输车辆全部达到国五及以上排放标准（含燃气）或使用新能源车辆； 3. 厂内非道路移动机械全部达到国三及以上排放标准或使用新能源机械	1. 物料公路运输使用达到国五及以上排放标准重型载货车辆（含燃气）或新能源车辆占比不低于80%，其他车辆达到国四排放标准； 2. 厂内运输使用达到国五及以上排放标准车辆（含燃气）或新能源车辆占比不低于80%，其他车辆达到国四排放标准； 3. 厂内非道路移动机械使用达到国三及以上排放标准或新能源机械占比不低于80%	1. 物料公路运输使用达到国五及以上排放标准重型载货车辆（含燃气）或新能源车辆占比不低于50%； 2. 厂内运输使用达到国五及以上排放标准车辆（含燃气）或新能源车辆占比不低于50%； 3. 厂内非道路移动机械使用达到国三及以上排放标准或新能源机械占比不低于50%	未达到C级要求
运输监管	参照《重污染天气重点行业移动源应急管理技术指南》建立门禁系统和电子台账		未达到 A、B 级要求	

1.2.41　工业涂装移动源绩效分级要求

对工业涂装移动源绩效分级的指标要求适用于现有工业排污单位涂装工序或生产设施，其中家具、汽车整车、工程机械整机、铸件 4 个制造业执行指南中另行制定的相应行业方案。工业涂装是指为保护或装饰加工对象，在加工对象表面覆以涂料膜层的生产过程。主要涉及《国民经济行业分类》（GB/T 4754—2017）中规定的木材加工和木 / 竹 / 藤 / 棕 / 草制品业（C20）、文教 / 工美 / 体育和娱乐用品制造业（C24）、金属制品业（C33）（不包含C339）、通用设备制造业（C34）（不包含 C343）、专用设备制造业（C35）（不包含 C351）、汽车制造业（C36）（不包含 C361）、铁路 / 船舶 / 航空航天和其他运输设备制造业（C37）、电气机械和器材制造业（C38）、计算机 / 通信和其他电子设备制造业（C39）、仪器仪表制造业（C40）等。具体移动源管理要求如表 1.39 所示。

表 1.39　工业涂装绩效分级指标

差异化指标	A 级企业	B 级企业	C 级企业	D 级企业
运输方式	1. 物料公路运输全部使用达到国五及以上排放标准重型载货车辆（含燃气）或新能源车辆； 2. 厂内运输车辆全部达到国五及以上排放标准（含燃气）或使用新能源车辆； 3. 厂内非道路移动机械全部达到国三及以上排放标准或使用新能源机械	1. 物料公路运输使用达到国五及以上排放标准重型载货车辆（含燃气）或新能源车辆占比不低于 80%，其他车辆达到国四排放标准； 2. 厂内运输使用达到国五及以上排放标准车辆（含燃气）或新能源车辆占比不低于 80%，其他车辆达到国四排放标准； 3. 厂内非道路移动机械使用达到国三及以上排放标准或新能源机械占比不低于 80%	1. 物料公路运输使用达到国五及以上排放标准重型载货车辆（含燃气）或新能源车辆占比不低于 50%； 2. 厂内运输使用达到国五及以上排放标准车辆（含燃气）或新能源车辆占比不低于 50%； 3. 厂内非道路移动机械使用达到国三及以上排放标准或新能源机械占比不低于 50%	未达到 C 级要求
运输监管	参照《重污染天气重点行业移动源应急管理技术指南》建立门禁系统和电子台账	未达到 A、B 级要求		

1.3　钢铁行业超低排放要求

1.3.1　管理依据

为推动行业高质量发展、促进产业转型升级、助力打赢蓝天保卫战，

2019 年，生态环境部联合多部门印发了《关于推进实施钢铁行业超低排放的意见》（环大气〔2019〕35 号）（以下简称《钢铁超低排放意见》），这是我国首个针对特定行业的超低排放指导意见。《钢铁超低排放意见》的制定主要遵循以下原则：

一是坚持统筹协调，系统提升。树立行业绿色发展新标尺，采取综合措施，通过"超低改造一批、达标治理一批、淘汰落后一批"，推动行业整体转型升级；实施差别化环保政策，营造公平竞争、健康有序的发展环境，为促进行业高质量发展创造有利条件。

二是坚持突出重点，分步推进。以改善环境空气质量为核心，围绕打赢蓝天保卫战目标任务，在京津冀及周边地区、长三角地区、汾渭平原等大气污染防治重点区域率先推进，按照稳中求进的工作总基调，综合考虑技术、经济、市场等条件，确定分区域、分阶段改造任务。

三是坚持分类管理，综合施策。根据行业排放特征，对有组织排放、无组织排放和大宗物料产品运输，分门别类提出指标限值和管控措施；综合采取税收、财政、价格、金融、环保等政策，多措并举推动实施。

四是坚持企业主体，政府引导。强化企业主体责任，加大资金投入，严把工程质量，加强运行管理，加大多部门联合惩戒力度；更好发挥政府作用，形成有效激励和约束，增强服务意识，帮助企业制定综合治理方案。

1.3.2 运输要求

《钢铁超低排放意见》中规定：石灰、除尘灰、脱硫灰、粉煤灰等粉状物料，应采用管状带式输送机、气力输送设备、罐车等方式密闭输送。铁精矿、煤、焦炭、烧结矿、球团矿、石灰石、白云石、铁合金、高炉渣、钢渣、脱硫石膏等块状或粘湿物料，应采用管状带式输送机等方式密闭输送，或采用皮带通廊等方式封闭输送；确需汽车运输的，应使用封闭车厢或苫盖严密，装卸车时应采取加湿等抑尘措施。物料输送落料点等应配备集气罩和除尘设施，或采取喷雾等抑尘措施。料场出口应设置车轮和车身清洗设施。厂区道路应硬化，并采取清扫、洒水等措施，保持清洁。

　　大宗物料产品清洁运输要求。进出钢铁企业的铁精矿、煤炭、焦炭等大宗物料和产品采用铁路、水路、管道或管状带式输送机等清洁方式运输比例不低于80%；达不到的，汽车运输部分应全部采用新能源汽车或达到国六排放标准的汽车（2021年年底前可采用国五排放标准的汽车）。

第 2 章

重点行业运输方式要求

2.1　一般要求

企业应规范管理运输车辆（含承运单位车辆）、厂内运输车辆以及非道路移动机械，以满足所属行业绩效分级指标运输方式要求。企业应使用达标车辆运输，鼓励使用新能源车辆运输。鼓励企业与供车单位、原辅材料供货单位及产品购买单位通过签订车辆排放达标保证书、增加相应合同条款、要求其提供运输车辆年检合格证明等方式开展车辆的达标管理。

运输车辆物料应做好降尘、抑尘处理。

2.2　原辅材料、燃料、产品及副产品运输

2.2.1　登记和存档

企业应做好各项进出场原辅材料、燃料、产品及副产品登记，登记内容应包括物品名称、运输方式、进场或出场时间、运输量（吨、升、包等）。企业所有原辅材料的采购协议应存档备查，进出场有地磅的，应做好地磅记录，厂内原辅材料库存量应记录。具备条件的应将火车轨道衡、皮带秤、地磅等数据与门禁及视频监控系统关联，建立全厂运输电子台账，实现清洁运输比例的统计与计算功能。

2.2.2　运输比例要求

2.2.2.1　清洁运输方式

采用清洁运输方式的，应做好进场材料登记，并每日汇总存档。绩效分

级指标中有清洁运输方式要求的，企业应根据日进场原辅料总量确定清洁运输方式比例。

2.2.2.2 公路运输方式

采用公路运输方式的，以每日运输车辆数量为基数，确定各排放标准车辆数量比例。处于维修、检测、设备调试等状态的载货车辆，应纳入运输车辆总数进行管理。每日进出场运输车辆数以重污染天气应急减排清单上报的数据为基础，企业应如实上报。

2.2.3 车辆排放标准

车辆排放标准可通过排放标准查询平台和机动车环保随车清单两种方式查询。

2.2.3.1 通过柴油车排放阶段查询平台查询

登录重型柴油车排放阶段查询平台（hdvquery.vecc.org.cn）（图 2.1），选择车牌号查询，通过输入车辆号牌号码及车辆识别代码（VIN）进行查询。

图 2.1 重型柴油车排放阶段查询平台展示

2.2.3.2　通过机动车环保随车清单查询

对于 2017 年 1 月 1 日以后注册登记的汽车，可通过车辆环保随车清单查询排放阶段，方法如下：

①手机扫描随车清单二维码，确认二维码信息可扫描，确认弹出网址格式：https://xxgk.vecc.org.cn/vin，并确认随车清单内容与二维码显示信息一致（图 2.2）；

②确认随车清单中的车辆 VIN 与行驶证信息一致；

③确认随车清单中显示的车辆排放标准阶段信息。

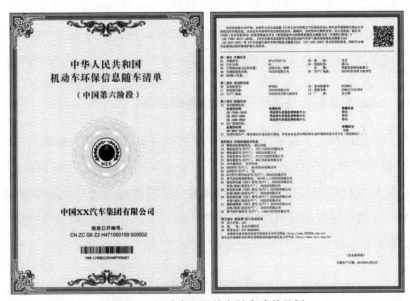

图 2.2　机动车环保信息随车清单示例

2.2.4　厂内运输车辆

厂内运输车辆应在电子台账中明确车辆详细信息，以及各阶段车辆数量并进行分类管理。厂内运输车辆排放标准阶段查询方法与原辅材料、燃料、产品及副产品运输等运输车辆排放标准查询方法一致。

2.2.5　厂内非道路移动机械

厂内非道路移动机械，以总台数为基数，以各阶段机械数量进行分类管理。非道路移动机械排放阶段可通过排放标准查询平台、非道路移动机械环保登记号码、机械环保代码、发动机铭牌等方式查询。

2.2.5.1　通过柴油车排放阶段查询平台查询

登录重型柴油车排放阶段查询平台（hdvquery.vecc.org.cn），选择非道路移动机械查询，通过输入发动机型号进行查询。

2.2.5.2　通过非道路移动机械环保登记号码查询

具备非道路移动机械环保登记号码的机械可通过号码进行标准阶段核查。非道路移动机械环保登记号码由 1 位排放标准代号和 8 位机械环保序号组成，排放标准代号与机械环保序号以短横分隔符相连。代号采用排放标准对应的序号（国一及以前排放标准代号统一为"1"），电动机械排放标准代号为"D"，不能确定排放标准的代号为"X"。

2.2.5.3　通过非道路移动机械环保代码查询

具备机械环保信息标签的非道路移动机械可通过机械环保代码进行标准阶段核查，机械环保代码由一组共 17 位的字母数字组成（图 2.3），包括企业标识部分、机械说明部分、检验码和机械指示部分（图 2.4），其中，机械指示部分的第 2 位，即机械环保代码的第 11 位，应指明该机械达到的污染物排放标准。机械环保代码的说明见图 2.4。

机械环保代码：＜88811233QH3123446＞

＞88811233QH3123446＜

图 2.3　机械环保代码示例

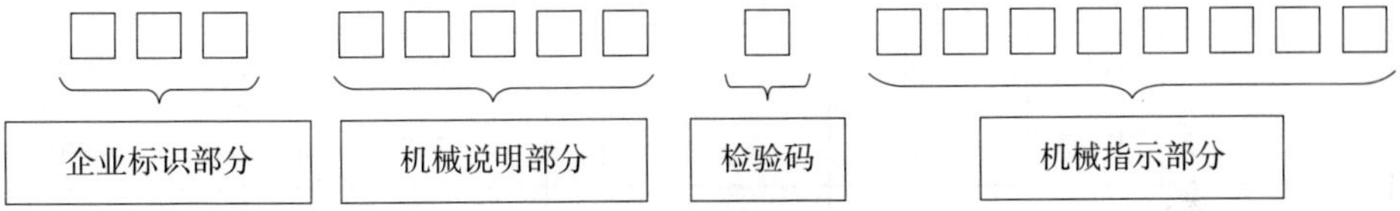

| 企业标识部分 | 机械说明部分 | 检验码 | 机械指示部分 |

图 2.4　机械环保代码说明

2.2.5.4　通过发动机铭牌查询

不具备机械环保标签的国产机械可通过查验机械的发动机铭牌，确认标准阶段。

2.2.5.5　进口机械排放阶段查询

1. 欧盟

通过铭牌中字符串"97/68"之后的第一位字母进行判断，字母含义如下：

——A～C：相当于国一；

——D～G：相当于国二；

——H～K：相当于国三；

——L～P：相当于国四；

——Q～R：严于国四。

2. 美国

通过铭牌中的功率和型年信息进行综合判断，如"2011 model"字样，即代表型年为 2011 年。根据表 2.1 中的功率（对应铭牌中的功率）和实施时间（对应铭牌中的型年），判断机械的标准阶段，美国"Tier1""Tier 2""Tier

3"阶段分别相当于我国的国一、国二、国三阶段。

表 2.1　美国非道路移动机械排放标准判定表

功率 /kW	阶段	实施时间 /a	排放限值 / (g/kWh)				
			NO_x	THC	NMHC+NO_x	CO	PM
$P<8$	Tier1	2000	—	—	10.5	8.0	1.0
	Tier2	2005	—	—	7.5	8.0	0.80
$8{\leq}P<19$	Tier1	2000	—	—	9.5	6.6	0.80
	Tier2	2005	—	—	7.5	6.6	0.80
$19{\leq}P<37$	Tier1	1999	9.2	—	—	—	—
	Tier2	2004	—	—	7.5	5.5	0.40
$37{\leq}P<75$	Tier1	1998	9.2	—	—	—	—
	Tier2	2004	—	—	7.5	5.0	0.4
	Tier3	2008			4.7	5.0	
$75{\leq}P<130$	Tier1	1997	9.2	—	—	—	—
	Tier2	2003	—	—	6.6	5.0	0.30
	Tier3	2007			4.0	5.0	
$130{\leq}P<225$	Tier1	1996	9.2	1.3	—	11.4	0.54
	Tier2	2003	—	—	6.6	3.5	0.20
	Tier3	2006			4.0	3.5	
$225{\leq}P<450$	Tier1	1996	9.2	1.3	—	11.4	0.54
	Tier2	2001	—	—	6.4	3.5	0.20
	Tier3	2006			4.0	3.5	
$450{\leq}P{\leq}560$	Tier1	1996	9.2	1.3	—	11.4	0.54
	Tier2	2002	—	—	6.4	3.5	0.20
	Tier3	2006			4.0	3.5	
$P>560$	Tier1	2000	9.2	1.3	—	11.4	0.54
	Tier2	2006	—	—	6.4	3.5	0.20

3.日本

铭牌中有体现标准阶段的字符串，通过字符串判断标准阶段，日本的1阶段、2阶段、3阶段分别相当于我国的国二、国三、国四阶段，判定见表2.2。

表 2.2　日本非道路移动机械排放标准判定

功率 /kW	1 阶段	2 阶段	3 阶段	4 阶段
19≤*P*＜37	2003—2007	2008—2013	2014—2016	2017
	SA	EDM	XDM	YDM
37≤*P*＜56	2003—2008	2009—2013	2014—2016	2017
	SB	KDN	XDN	YDN
56≤*P*＜75	2003—2008	2009—2012	2013—2015	2016
	SB	KDP	WDP	YDP
75≤*P*≤130	2003—2007	2008—2012	2013—2015	2016
	SC	EDR	WDR	YDR
130≤*P*≤560	2003—2006	2007—2011	2012—2014	2015
	SD	JDS	UDS	YDS

4.韩国

铭牌中有明确的型式核准号，即"Korea approval"字样后的字符串，字符串最前面的"1st""2nd""3rd"即标准阶段，分别相当于我国的国一、国二、国三阶段。

第 3 章

重点行业门禁及视频监控系统要求

3.1　系统总体框架

企业应建立门禁及视频监控系统对车辆进出进行识别监控，建立相应的台账管理制度，并按统一技术参数要求与市级、省级、国家级生态环境主管部门监管系统联网，实时报送相关数据。

市级及以上生态环境主管部门应建立监管系统，对企业移动源使用情况进行查询、统计和监管。

企业门禁及视频监控系统与生态环境主管部门监管系统联网，实现对运输车辆和非道路移动机械使用情况的实时监管。相关系统及相关控制软件应具备时间同步的功能，确保与北京时间（中国国家标准时间）保持一致。总体框架见图 3.1。

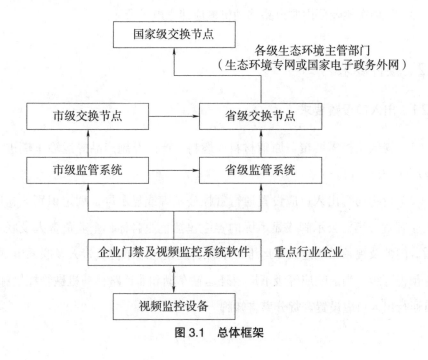

图 3.1　总体框架

3.2 企业门禁及视频监控系统建设要求

3.2.1 总体要求

（1）企业门禁及视频监控系统应具备车辆信息采集、信息校验、进出厂管理、信息统计、照片采集、视频监控、数据储存和交换等功能。

（2）门禁及视频监控系统应具有采集进出厂车辆的排放标准、燃料类型、车辆类型、车牌号码、车牌颜色、车辆识别代码、车辆型号、发动机型号、发动机生产厂、发动机编号、注册登记日期、使用性质、车队信息、运输货物名称及运输量、行驶证或随车清单照片等信息的功能，并建立车辆管理台账。

（3）厂内车辆及厂内非道路移动机械应建立电子台账。

3.2.2 硬件要求

3.2.2.1 出入口设置要求

（1）视频监控需要覆盖原辅材料、燃料、产品及副产品等运输车辆进出企业厂区的出入口。

（2）货物通行出入口应设置通行管控公示牌或显示屏，划定识别区，原则上应客货分离；公示牌或显示屏内容应包括企业名称、企业负责人及联系电话、门禁及视频系统建设（运维）单位、建设运维单位负责人及联系电话、企业预警等级、当前响应等级下厂内外运输车辆和非道路移动机械管控措施；人员通行出入口应设置客货分离告知牌。

3.2.2.2　道闸设置要求

（1）在保障应急消防、安全生产的前提下，单个车道宽度应小于 2 辆载货车辆宽度，各车道分别设置道闸。

（2）出入口设置 2 个以上道闸的，应设置道闸编号标牌，标牌应在视频监控和照片内清晰可见。

3.2.2.3　其他硬件设备要求

（1）门禁相关硬件设备包括但不限于道闸、车牌识别相机、信息显示屏、控制计算机、视频监控设备、数据储存设备、视频储存设备、数据备份储存设备、路由器、网络打印机、防火墙、报警器等。

（2）门禁及视频系统应建立 24 h 不间断供电系统，单独提供动力电源或增加不间断电源（UPS），严禁对设备人为断电，确需断电的，应提前向所在地生态环境主管部门备案。

（3）UPS：宽电压输入，断电不间断供电不少于 2 h，正常使用功率不低于 6 000 W。

（4）道闸：应具备防砸功能，控制计算机应具备来电自启功能。

（5）车牌识别设备相机：应选用高清摄像机，分辨率要满足车牌号码和车牌颜色识别需求或达到市级生态环境主管部门要求，且不低于 720 p。

3.2.3　软件功能要求

3.2.3.1　信息管理

门禁及视频系统软件应具有企业基本信息、道闸信息、视频监控设备信息、车辆信息、运输管理信息等信息维护管理功能。

企业基本信息实时更新、实时上报，上报格式和要求见附表 A.1。

3.2.3.2　信息接收

应具备接收监管系统下发排放超标车辆、可疑车辆反馈、预警和响应提示信息、管控策略提示信息等功能。

3.2.3.3　车辆信息采集

应具备车辆信息采集功能。车辆信息实时采集、本地保存，采集格式和要求见附表 A.2。

3.2.3.4　车辆信息审核校验

应具备车辆信息审核和校验功能，并形成车辆信息数据库。审核和校验应至少包括以下内容：

　　——车牌号码；

　　——车牌颜色；

　　——车辆识别代码；

　　——发动机号码；

　　——排放标准；

　　——注册日期；

　　——使用性质；

　　——燃料类型；

　　——行驶证 / 随车清单（应扫码验证）。

3.2.3.5　车辆识别

抓拍系统应具备对进出厂车辆车牌颜色、车牌号码识别的功能，车牌识别率和准确率均需达到 99.5% 及以上。

对抓拍系统不能识别的机动车和非道路移动机械，应使用人工方式补录。

3.2.3.6 排放超标车辆校验

应具备识别和判定进出厂车辆是否属于排放超标车辆的功能，并控制道闸放行和禁行。

3.2.3.7 管控策略校验

应具备识别和判定进出厂车辆是否符合管控策略的功能，并控制道闸放行和禁行。

3.2.3.8 排放超标信息审核确认

应具备对管理系统下发的车辆和非道路移动机械排放超标信息重新确认、核实和上报的功能。

3.2.3.9 信息提示

应具备管控状态、车辆信息提示功能，通过出入口显示屏提示当前管控状态、车牌号码、排放标准、通行或禁行提示、进出时间、禁行原因等。

3.2.3.10 照片抓拍

应具备对进出厂车辆通行关键照片抓拍的功能，抓拍的关键照片包括进出厂车头照片、车身整体照片等，每张照片均应保证车牌号码清晰可见。照片上应标注进出厂时间、出入口编号、道闸编号等信息。

3.2.3.11 视频监控

具备对进出厂车辆出入口 24 h 实时监控的功能，保证能够覆盖车辆进出的过程；出入口视频内应显著标注进出厂时间、出入口编号、道闸编号等信息。

须配备本地视频存储设备，具备将视频保存在本地硬盘的功能（按日期保存），应具备手动起杆标注功能，且在手动起杆时自动录取视频并单独保存或调取。历史视频保存周期不少于 12 个月。

企业应向生态环境主管部门提供视频监控摄像头端口、用户名、密码等相关信息供远程调用。

3.2.3.12　数据关联

软件应具备自动关联或人工录入运载货物名称和运载量相关信息的功能。

3.2.3.13　进出厂车辆信息记录、保存和上报

企业应建立完整的运输电子台账，具备自动记录、保存和上报进出厂车辆信息的功能，进出厂车辆信息历史记录保存周期不少于 24 个月。进出厂车辆信息实时记录、本地保存、实时上传，记录、保存和上报格式要求见附表 A.3。因停电等不可抗力无法使用电子台账时，按附表 A.3 要求人工记录台账临时替代并及时补传。

应具备进出厂车辆数据传输率（产生量 / 上传量）实时统计的功能，可生成日报等阶段报表。数据传输率统计信息应在门禁及视频系统管理页面中实时呈现。

应具备发生网络问题时，数据漏传报警功能；电力或网络恢复正常，软件应具备数据自动补传功能。

3.2.3.14　厂内运输车辆信息记录、保存和上报

企业应建立完整的厂内运输车辆电子台账，具备厂内运输车辆信息登记管理、记录、保存和上报功能，厂内运输车辆信息实时更新、本地保存、实

时上传，管理、记录、保存和上报格式要求见附表 A.4。厂内运输车辆使用历史记录保存周期不少于 24 个月。

3.2.3.15 非道路移动机械信息记录、保存和上报

企业应建立完整的非道路移动机械电子台账，具备非道路移动机械信息登记管理、记录、保存和上报功能，非道路移动机械信息出入厂信息实时更新、本地保存、实时上传，记录、保存和上报格式要求见附表 A.5。非道路移动机械使用历史记录保存周期不少于 24 个月。

3.2.3.16 信息查询

应具备进出厂运输车辆、厂内运输车辆、非道路移动机械等记录查询功能，应支持时间、车辆（非道路移动机械）、排放标准、燃料类型、管控状态等多条件组合查询。

3.2.3.17 统计汇总

应具备进出厂运输车辆信息、厂内运输车辆信息和非道路移动机械信息的统计汇总功能，形成进出厂运输车辆、厂内运输车辆和非道路移动机械的电子台账，历史记录保存周期不少于 24 个月。

进出厂运输车辆、厂内运输车辆和非道路移动机械电子台账记录实时更新、本地保存，保存的格式要求见附表 A.6 至附表 A.8。

3.2.3.18 报警提示

应具备不规范使用门禁及视频监控系统行为的报警提示的功能，对黑名单和不符合管控策略的进出厂运输车辆通行行为进行报警，及时告知车主、门卫。

3.2.3.19　防火墙

应建立企业级防火墙，标准配置千兆网络接口，确保数据和视频正常稳定上传，具备入侵防御及防病毒功能，同时支持入侵防御特征库和防病毒库的定期自动更新。

3.2.4　数据报送

3.2.4.1　数据报送要求

企业门禁及视频监控系统通过专用网络将数据实时传输至生态环境主管部门，市级生态环境主管部门到省级生态环境主管部门如需要数据传输的，周期和交换内容由省级生态环境主管部门确定。

3.2.4.2　数据质量要求

企业对上报数据完整性、真实性、准确性和及时性负责。应保证数据传输率和完整率不低于95%。

3.2.5　网络要求

3.2.5.1　基本要求

网络基础建设应满足 HJ 460—2009 的要求。

3.2.5.2　网络连接方式

企业应建立局域网供各类硬件设备进行数据交换。

门禁及视频系统与监管系统应采用专用网络连接，保证数据通信的稳定性、可靠性、安全性，带宽应满足视频、数据信息的传输要求。

3.2.5.3　接口规则

门禁及视频监控系统与生态环境主管部门监管系统数据交换采用 JSON 格式；数据交换过程中采用 Token 方式凭票据进行数据交换；数据加密方式采用 RSA2 公开密钥密码体制；采用 UTF-8 对 Unicode 进行编码。

门禁及视频监控系统与生态环境主管部门监管系统数据交换接口相关格式和要求见附表 A。

3.2.6　系统安全

为保证车辆出入信息访问安全和数据安全，系统应采取必要的安全防护措施，有条件的企业可进行国家信息系统安全等级保护三级备案。

3.2.7　系统运行维护

保证信息系统正常稳定运行，并根据生态环境主管部门相关要求进行升级改造。

3.2.8　其他要求

应采取业务培训等必要手段，保障门禁及视频系统管理人员具备车辆（机械）排放标准、燃料类型等关键信息查询、核实能力。

3.3　监管系统建设要求

监管系统应具备企业信息管理、黑名单和管控策略下发、车辆信息校验、疑似问题车辆反馈、违规报警、统计分析和评估等功能。

3.3.1 企业信息管理

监管系统应具备记录联网企业基本信息、联网企业编号的功能。

（1）企业编号规则：优先采用企业排污许可证编码，无排污许可证编码企业可按照 HJ 608—2017 进行编码。

（2）出入口编号规则（1 位）：A、B、C 依次递增，同一企业不可重复。

（3）道闸编号规则（3 位）：出入口编号 + 道闸顺序编号，如 A 出入口道闸编号：A01，依次递增，同一企业不可重复。

3.3.2 排放超标车辆名单下发

监管系统应具备将生态环境主管部门认定的排放超标车辆名单下发、排放超标车辆名单信息实时更新、实时下发等功能，下发格式和要求可参考表 3.1。

表 3.1 排放超标车辆名单下发表

序号	数据项名称	数据类型	描述
1	车牌颜色 *	字符（1）	0- 蓝牌；1- 黄牌；2- 白牌；3- 黑牌；4- 新能源绿牌；5- 其他；6- 新能源绿黄牌
2	车牌号 *	字符（10）	—
3	车辆识别代码（VIN）*	字符（17）	—
4	燃料类型	字符	参照 GA24.9
5	排放标准	字符（1）	0- 国 0；1- 国Ⅰ；2- 国Ⅱ；3- 国Ⅲ；4- 国Ⅳ；5- 国Ⅴ；6- 国Ⅵ；D- 电动
6	超标原因	字符（1）	1- 环保定期检验；2- 远程监控；3- 路检路查；4- 入户检查；5- 尾气遥感监测；6- 黑烟举报；7- 其他
注：带"*"为必选项。			

3.3.3　管控策略下发

监管系统应具备按照重污染天气应急预案响应级别、行业类型制定的"一企一策"的车辆（机械）管控措施下发的功能。监管系统应支持按地区、按行业类型批量导入、手动修改等便利的管控策略输入方式。

管控措施实时更新、实时下发，下发格式和要求如表 3.2 所示。

表 3.2　移动源管控措施下发表

序号	数据项名称	数据类型	描述
1	企业编号	字符	见 3.3.1
2	企业名称	字符（100）	—
3	预警响应开始时间	日期	—
4	预警响应解除时间	日期	—
5	预警级别	字符（1）	1-黄色；2-橙色；3-红色
6	响应级别	字符（1）	3-Ⅲ级；2-Ⅱ级；1-Ⅰ级
7	管控措施	字符（100）	—

3.3.4　信息校验

应具备对联网企业上报数据进行完整性、准确性和真实性校验的功能，校验内容主要包括车辆（机械）信息、车辆（机械）是否属于排放超标车辆（机械）名单、车辆（机械）是否符合管控策略等内容。

信息校验可通过机动车和非道路移动机械环保信息查询平台、公安交管共享数据以及省（区、市）生态环境主管部门机动车环保定期检验、路检路查、入户检查、尾气遥感监测、黑烟举报等数据进行。

3.3.5 排放超标信息下发

应具备对校验后产生的排放超标信息下发反馈企业的功能，并要求企业在一定时间内验证核实确认后重新上报至监管系统。

3.3.6 数据统计汇总

应具备对联网企业上报数据统计汇总的功能，便于实时监控。

3.3.7 数据查询

监管系统应具备对联网企业上报数据按行业类型、时间、排放标准、燃料类型、管控策略、县（市、区）等多条件组合进行查询的功能。

3.3.8 违规报警

监管系统应具备对联网企业上报的排放超标车辆、违反管控策略等可疑信息报警提示、自动记录的功能，形成违规报警信息清单；具备门禁及视频监控系统运行维护异常、网络中断等的识别和报警能力；具备自动提取违规报警通行车辆信息、照片和视频的功能，形成完整证据链；具备将生态环境主管部门认定的违规通行车辆信息下发企业的功能。

3.3.9 数据上报

应具备数据传输率（接收量 / 上报量）实时统计的功能，形成日报。数据传输率统计信息应在监管系统管理页面实时呈现。

应具备发生网络问题时，数据漏传报警及数据补传功能；电力或网络恢复正常时，应及时补传。

应具备将数据上报至上级监管系统的功能，监管系统上报数据格式和要求见附表 A。生态环境主管部门间使用生态环境专网或国家电子政务外网进行联网和数据交换。省级生态环境主管部门报送国家生态环境主管部门的数据按照附表 B 进行，周期不低于每日一次。鼓励实时报送。

3.3.10　响应评估

应具备重污染天气应急减排措施实施情况评估功能，按照县（市、区）、行业类型、管控策略、企业等多条件组合统计日常运输情况（包括不同排放标准、燃料类型、进出车辆数、运输货物量等）、预警响应期间实际运输情况等内容的功能，并形成移动源减排措施评估报告。

3.3.11　系统安全

为保证系统数据安全和网络安全，系统应采取必要的安全防护措施，并按生态环境信息系统安全等级保护要求进行国家信息系统安全等级保护备案。

3.3.12　系统运行维护

保证信息系统正常稳定运行，并根据生态环境主管部门相关要求进行升级改造。

第 4 章

重点行业运输核查方法

4.1　绩效分级等级核查

4.1.1　运输方式绩效分级相应级别的确认应包括以下内容：

（1）查阅生产日志，确认原辅材料消耗情况；

（2）查阅原辅材料供货协议，确认供货总量和供货方式；

（3）实地考察清洁运输方式运输情况，现场查询清洁运输方式运输进场登记，确认清洁运输方式运输总量；

（4）实地考察厂区进出口地磅记录，确认公路运输总量。

4.1.2　厂内运输车辆绩效分级相应级别的确认应包括以下内容：

（1）查询厂内车辆台账，核查满足各排放标准的比例；

（2）现场检查厂内车辆，随机核查 10 辆以上厂内的车辆（如有）列入车辆台账情况；

（3）现场检查车辆与台账信息一致情况；

（4）现场检查车辆，按本标准指导抽查排放标准。

4.1.3　厂内非道路移动机械绩效分级相应级别的确认应包括以下内容：

（1）查询机械信息台账满足各阶段标准的比例情况；

（2）现场检查，随机抽取厂内非道路移动机械（如有），核查其列入非道路移动机械台账的情况；

（3）现场检查非道路移动机械与台账信息一致情况；

（4）现场检查，按本标准指导抽查标准阶段。

4.2 排放标准核查

4.2.1 运输车辆排放标准核查

除本书第 2 章介绍的运输车辆排放阶段判定方式外，监管人员还可通过达标监管 App 进行查询。

核查人员可通过登录达标监管手机 App 进行核查。打开 App，在登录界面账号输入框输入手机号码后点击"获取验证码"，输入接收到的短信验证码即可登录，进入后点击"秋冬应急"，本模块提供车牌号查询、非道路机械查询。

图 4.1 达标监管 App 登录界面

输入车牌号，点击查询（仅查询货车）。

图 4.2　达标监管 App 车牌号查询界面

当查询无结果时，会提示是否使用 VIN 继续查询。

点击"否"时，继续使用车牌号进行查询。

点击"是"时，跳转到 VIN 查询页面（仅查询国五及以上重型柴油车、重型燃气车）。输入 17 位 VIN，点击查询。VIN 查询结束后，点击左上角的"＜"符号返回车牌号查询页面。

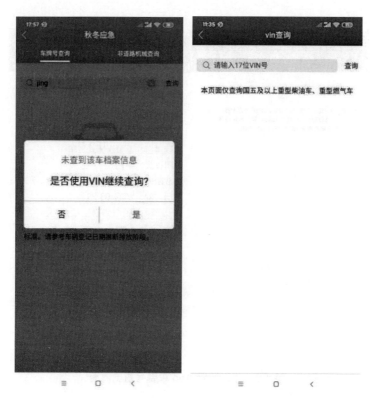

图 4.3　达标监管 App 中 VIN 查询界面

4.2.2　非道路移动机械排放标准核查

　　除本书第 2 章介绍的非道路移动机械排放阶段判定方式外,监管人员还可通过达标监管 App 进行查询。

　　登录达标监管 App,输入发动机型号,点击查询即可。

图 4.4　达标监管 App 非道路移动机械查询界面

附表A 门禁及视频监控系统数据报送格式要求

表 A.1 企业基本信息

序号	数据项名称	数据类型	描述
1	企业编号	字符（20）	见 3.3.1
2	企业名称	字符（100）	—
3	统一社会信用代码	字符（18）	18 位
4	企业地址	字符（255）	描述到乡镇（街道）
5	经度	数值	单位度（°），小数点后 6 位，如（112.486 991，37.940 361）
	纬度	数值	单位度（°），小数点后 6 位，如（112.486 991，37.940 361）
6	法人代表	字符（20）	—
7	行业类型	字符（50）	参见环办大气函〔2020〕340 号
8	行业分支	字符（50）	参见环办大气函〔2020〕340 号
9	绩效分级管控类型	字符（50）	参见环办大气函〔2020〕340 号
10	联系人	字符（20）	—
11	联系人电话	字符（20）	—
12	载货出入口数量	数值	—
13	道闸数量	数值	—
14	运输车辆数量	数值	—
15	厂内运输车辆数量	数值	—
16	非道路移动机械数量	数值	—

表 A.2　车辆信息采集数据表

序号	数据项名称	数据类型	描述
1	车辆类型[1]	字符	参照 GA24.4
2	车牌颜色	字符	0- 蓝牌；1- 黄牌；2- 白牌；3- 黑牌；4- 新能源绿牌；5- 其他；6- 新能源绿黄牌
3	车牌号	字符（10）	—
4	注册日期	日期	格式：YYYYMMDD
5	车辆识别代码（VIN）	字符（17）	—
6	发动机号码	字符（32）	—
7	燃料类型	字符	参照 GA24.9
8	排放标准	字符（1）	0- 国0；1- 国Ⅰ；2- 国Ⅱ；3- 国Ⅲ；4-国Ⅳ；5- 国Ⅴ；6- 国Ⅵ；D- 电动
9	使用性质	字符	参照 GA24.3
10	随车清单[2]	照片	—
11	行驶证[2]	照片	—
12	车队名称（自有、个人或运输公司营业执照名称）	字符（100）	—
注[1]：当车辆类型为客车时，仅采集第1项至第3项； 注[2]：随车清单与行驶证电子档上传其中之一，要求照片各项信息清晰可见。			

表 A.3　进出厂车辆信息上传表

序号	数据项名称	数据类型	描述
1	出入口编号	字符（1）	见 3.3.1
2	道闸编号	字符（3）	见 3.3.1
3	进出厂状态	字符（1）	1- 进厂；2- 出厂
4	进厂时间 / 出厂时间	时间	格式：YYYY-MM-DD hh：mm：ss
5	进厂照片 / 出厂照片	照片	—
6	车辆类型[1]	字符	参照 GA24.4

续表

序号	数据项名称	数据类型	描述
7	车牌颜色	字符	0-蓝牌；1-黄牌；2-白牌；3-黑牌；4-新能源绿牌；5-其他；6-新能源绿黄牌
8	车牌号	字符（10）	—
9	注册日期	日期	格式：YYYYMMDD
10	车辆识别代码（VIN）	字符（17）	—
11	发动机号码	字符（32）	—
12	燃料类型	字符	参照 GA24.9
13	排放标准	字符（1）	0-国0；1-国Ⅰ；2-国Ⅱ；3-国Ⅲ；4-国Ⅳ；5-国Ⅴ；6-国Ⅵ；D-电动
14	使用性质	字符	参照 GA24.3
15	随车清单[2]	照片	—
16	行驶证[2]	照片	—
17	运输货物名称[3]	字符（32）	—
18	运输量[3]	数值	单位：t
19	车队名称（自有、个人或运输公司营业执照名称）	字符（100）	—

注[1]：当车辆类型为客车时，仅记录第1项至第8项；
注[2]：随车清单与行驶证电子档上传其中之一，要求照片各项信息清晰可见；
注[3]：物资清单涉及企业商业秘密的，经属地生态环境主管部门同意后，可仅填写运输量。

表 A.4　厂内运输车辆信息上传表

序号	数据项名称	数据类型	描述
1	环保登记编码	字符（32）	指在非道路移动机械监管平台编码登记的编码
2	车辆识别代码（VIN）	字符（17）	—
3	生产日期	日期	格式：YYYYMMDD
4	车牌号	字符（10）	可选项，若已在公安交管上牌请填写

续表

序号	数据项名称	数据类型	描述
5	注册日期	日期	可选项，若已在公安交管上牌请填写
6	发动机号码	字符（32）	—
7	燃料类型	字符	参照 GA24.9
8	排放标准	字符（1）	0-国0；1-国Ⅰ；2-国Ⅱ；3-国Ⅲ；4-国Ⅳ；5-国Ⅴ；6-国Ⅵ；D-电动
9	随车清单[1]	照片	—
10	行驶证[1]	照片	—
11	车辆所有人（单位）	字符（100）	自有/租赁（写明租赁公司名称）
注[1]：随车清单与行驶证电子档上传其中之一，要求照片各项信息清晰可见。			

表 A.5 非道路移动机械出入厂信息上传表

序号	数据项名称	数据类型	描述
1	环保登记编码	字符（32）	指在非道路移动机械监管平台编码登记的编码
2	生产日期	日期	格式：YYYYMMDD
3	车牌号	字符（10）	可选项，若已在公安交管上牌请填写
4	排放标准	字符（1）	0-国0；1-国Ⅰ；2-国Ⅱ；3-国Ⅲ；4-国Ⅳ；5-国Ⅴ；6-国Ⅵ；D-电动；X-排放标准未知
5	燃料类型	字符	参照 GA24.9
6	机械种类	字符（1）	1-装载机；2-挖掘机；3-推土机；4-叉车；5-非公路用卡车；6-其他
7	机械环保代码/产品识别码（PIN）	字符（64）	—
8	整车（机）铭牌	照片	—
9	发动机铭牌	照片	—
10	机械环保标签	照片	自2017年7月1日起生产的机械必填
11	所属人（单位）	字符（100）	自有/租赁（写明租赁公司名称）

表 A.6 进出厂运输车辆电子台账

序号	出入口编号	道闸编号	进厂时间	出厂时间	车辆类型	车牌颜色	车牌号	注册日期	VIN	发动机号码	燃料类型	排放标准	使用性质	进厂运输货物名称[1]	进厂运输货物量[1]	出厂运输货物名称[1]	出厂运输货物量[1]	车队名称	进厂照片[2]	出厂照片[2]	随车清单[3]	行驶证[3]
1																						
2																						
3																						
……																						

注1：物资清单涉及企业商业秘密的，经属地生态环境主管部门同意后，可仅填写运输量；
注2：进厂和出厂照片分别选取进出厂车头照片；
注3：随车清单和行驶证电子档要求同表 C.3。

表 A.7 厂内运输车辆电子台账

序号	环保登记编码	车辆识别代码（VIN）	生产日期	车牌号	注册日期	发动机号码	燃料类型	排放标准	随车清单[1]	行驶证[1]	车辆所有人（单位）	进厂日期	出厂日期
1													
2													
3													
……													

序号	环保登记编码	车辆识别代码（VIN）	生产日期	车牌号	注册日期	发动机号码	燃料类型	排放标准	随车清单[1]	行驶证[1]	车辆所有人（单位）	进厂日期	出厂日期

注：随车清单和行驶证电子档要求同表 A.4。

表 A.8 非道路移动机械电子台账

序号	环保登记编码	生产日期	车牌号	排放标准	燃料类型	机械种类	机械环保代码／产品识别码（PIN）	整车（机）铭牌	发动机铭牌	机械环保标签	所属人（单位）	进厂日期	出厂日期
1													
2													
3													
……													

附表 B 联网数据格式要求

表 B.1 运输车辆电子台账信息表

序号	名称	类型	描述
1	进 / 出厂时间	时间	格式：YYYY-MM-DD hh：mm：ss
2	车牌号	字符（10）	—
3	车牌颜色	字符（2）	0- 蓝牌；1- 黄牌；2- 白牌；3- 黑牌；4- 新能源绿牌；5- 其他；6- 新能源绿黄牌
4	注册日期	日期	格式：YYYYMMDD
5	车辆识别代号（VIN）	字符（17）	—
6	车辆类型	字符	参照 GA24.4
7	车辆型号	字符（32）	按车辆行驶证
8	发动机型号	字符（32）	—
9	发动机号码	字符（32）	—
10	燃料类型	字符	参照 GA24.9
11	排放标准	字符（1）	0- 国 0；1- 国Ⅰ；2- 国Ⅱ；3- 国Ⅲ；4- 国Ⅳ；5- 国Ⅴ；6- 国Ⅵ；D- 电动
12	使用性质	字符	参照 GA24.3
13	运输货物名称[1]	字符（32）	—
14	运输量[1]	数字（4，1）	单位：t
15	车队名称（自有、个人或运输公司营业执照名称）	字符（100）	—
16	上传时间	时间戳	格式：YYYYMMDDhh24miss

注[1]：物资清单涉及企业商业秘密的，经属地生态环境主管部门同意后，可仅填写运输量。

表 B.2 厂内运输车辆电子台账信息表

序号	名称	类型	描述
1	环保登记编码或内部管理号牌	字符（32）	—
2	注册日期	日期	格式：YYYYMMDD
3	车辆识别代号（VIN）	字符（17）	—
4	车辆型号	字符（32）	—
5	发动机型号	字符（32）	—
6	发动机号码	字符（32）	—
7	燃料类型	字符	参照 GA24.9
8	排放标准	字符（1）	0-国0；1-国Ⅰ；2-国Ⅱ；3-国Ⅲ；4-国Ⅳ；5-国Ⅴ；6-国Ⅵ；D-电动；X–排放标准未知
9	上传时间	时间戳	格式：YYYYMMDDhh24miss

表 B.3 非道路移动机械电子台账信息表

序号	名称	类型	描述
1	环保登记编码	字符（32）	—
2	机械环保代码	字符（64）	—
3	发动机型号	字符（32）	—
4	发动机生产厂	字符（64）	—
5	燃料类型	字符	参照 GA24.9
6	生产日期	日期	格式：YYYYMMDD
7	排放标准	字符（1）	0-国0；1-国Ⅰ；2-国Ⅱ；3-国Ⅲ；4-国Ⅳ；5-国Ⅴ；6-国Ⅵ；D-电动；X–排放标准未知
8	上传时间	时间戳	格式：YYYYMMDDhh24miss

附件 重点行业企业绩效分级行业信息表

重点行业企业绩效分级行业信息表

行业类型	行业分支	绩效分级					
		A	B	B−	C	D	民生豁免	长期停产
长流程钢铁联合	长流程钢铁							
	独立烧结、球团	其他	民生豁免	长期停产				
	独立轧钢	其他	民生豁免	长期停产				
短流程钢铁	短流程钢铁工业	A	B	C	民生豁免	长期停产		
	铁合金工业	A	B	C	民生豁免	长期停产		
铁合金	电解锰	绩效引领性企业	非绩效引领性企业	民生豁免	长期停产			
	常规机焦	A	B	C	D	民生豁免	长期停产	
焦化	热回收焦	绩效引领性企业	非绩效引领性企业	民生豁免	长期停产			
	半焦（兰炭）	绩效引领性企业	非绩效引领性企业	民生豁免	长期停产			
石灰窑	石灰窑工业	A	B	C	D	民生豁免	长期停产	

续表

行业类型	行业分支	绩效分级					
铸造	铸件　冲天炉	A	B	C	D	民生豁免	长期停产
	铸件　天然气炉、电炉	A	B	C	D	民生豁免	长期停产
氧化铝	铸造用生铁	A	B	C	D	民生豁免	长期停产
	氧化铝工业	A	B	C	D	民生豁免	长期停产
电解铝	电解铝工业	A	B	C	民生豁免	长期停产	
炭素	铝用炭素	A	B	C	D	民生豁免	长期停产
	独立焙烧工业	A	B	C	D	民生豁免	长期停产
	石墨电极	A	B	C	D	民生豁免	长期停产
	其他炭素	A	B	C	D	民生豁免	长期停产
铜冶炼	铜冶炼工业	A	B	C	民生豁免	长期停产	
铅、锌冶炼	铅冶炼	A	B	C	民生豁免	长期停产	
	锌冶炼	A	B	C	民生豁免	长期停产	
钼冶炼	钼冶炼工业	A	B	C	民生豁免	长期停产	
再生铜、铝、锌	再生铜	A	B	C	民生豁免	长期停产	
	再生铝	A	B	C	民生豁免	长期停产	
	再生铅	A	B	C	民生豁免	长期停产	
	再生锌	A	B	C	民生豁免	长期停产	

续表

行业类型	行业分支	绩效分级						
		A	B	C	D			
有色金属压延行业	铜压延加工	A	B	C	民生豁免	长期停产		
	铝压延加工	A	B	C	民生豁免	长期停产		
水泥	水泥熟料	A	B	C	D	民生豁免	长期停产	
	粉磨站	绩效引领性企业	非绩效引领性企业	民生豁免	长期停产			
	矿渣粉	绩效引领性企业	非绩效引领性企业	民生豁免	长期停产			
	水泥制品	绩效引领性企业	非绩效引领性企业	民生豁免	长期停产			
砖瓦窑	烧结砖瓦制品	A	B	C	D	民生豁免	长期停产	
	非烧结砖瓦制品	绩效引领性企业	非绩效引领性企业	民生豁免	长期停产			
陶瓷	建筑陶瓷	A	B	C	D	民生豁免	长期停产	
	卫生陶瓷	绩效引领性企业	非绩效引领性企业	民生豁免	长期停产			
	日用陶瓷	绩效引领性企业	非绩效引领性企业	民生豁免	长期停产			
	园林艺术陶瓷	绩效引领性企业	非绩效引领性企业	民生豁免	长期停产			

续表

行业类型	行业分支	绩效分级					
		绩效引领性企业	非绩效引领性企业	C	D		
陶瓷	特种陶瓷	绩效引领性企业	非绩效引领性企业	民生豁免	长期停产		
	其他陶瓷	绩效引领性企业	非绩效引领性企业	民生豁免	长期停产		
耐火材料	耐火原料和制品	A	B	C	D	民生豁免	长期停产
	不定形耐火制品	绩效引领性企业	非绩效引领性企业	民生豁免	长期停产		
玻璃	平板玻璃	A	B	C	D	民生豁免	长期停产
	日用玻璃	A	B	C	D	民生豁免	长期停产
	电子玻璃	A	B	C	D	民生豁免	长期停产
	玻璃棉	A	B	C	D	民生豁免	长期停产
	玻璃纤维	A	B	C	D	民生豁免	长期停产
	玻璃后加工	绩效引领性企业	非绩效引领性企业	民生豁免	长期停产		
	玻璃球拉丝	绩效引领性企业	非绩效引领性企业	民生豁免	长期停产		
岩矿棉	岩矿棉工业	A	B	C	D	民生豁免	长期停产
	岩矿棉制品深加工	绩效引领性企业	非绩效引领性企业	民生豁免	长期停产		

续表

行业类型	行业分支	绩效分级					
		绩效引领性企业	非绩效引领性企业			民生豁免	长期停产
玻璃钢	玻璃钢工业	A	B	C		民生豁免	长期停产
防水建筑材料制造	沥青类防水卷材	A	B	C		民生豁免	长期停产
	橡胶防水卷材	A	B	C		民生豁免	长期停产
	塑料类防水卷材	其他				民生豁免	长期停产
炼油与石油化工	炼化一体化	A	B	C	D	民生豁免	长期停产
	独立石油炼制	A	B	C	D	民生豁免	长期停产
	独立石油化学	A	B	C	D	民生豁免	长期停产
炭黑制造	炭黑制造工业	A	B	C	D	民生豁免	长期停产
煤制氮肥	煤制氮肥工业	A	B	C	D	民生豁免	长期停产
制药	制药工业	A	B	C	D	民生豁免	长期停产
农药制造	农药制造工业	A	B	C	D	民生豁免	长期停产
涂料制造	涂料制造工业	A	B	C	D	民生豁免	长期停产
	粉末涂料制造工业	绩效引领性企业	非绩效引领性企业			民生豁免	长期停产
油墨制造	油墨制造工业	A	B	C	D	民生豁免	长期停产
纤维素醚	纤维素醚工业	绩效引领性企业	非绩效引领性企业			民生豁免	长期停产
包装印刷	纸制品包装印刷	A	B	C	D	民生豁免	长期停产

续表

行业类型	行业分支	绩效分级					
包装印刷	塑料彩印软包装印刷	A	B	C	D	民生豁免	长期停产
	金属包装印刷	A	B	C	D	民生豁免	长期停产
	其他类包装印刷	A	B	C	D	民生豁免	长期停产
人造板制造	胶合板	A	B	C	民生豁免	长期停产	
	刨花板	A	B	C	民生豁免	长期停产	
	纤维板	A	B	C	民生豁免	长期停产	
	油漆饰面人造板	A	B	C	D	民生豁免	长期停产
塑料人造革与合成革制造	聚氯乙烯人造革	绩效引领性企业	非绩效引领性企业	民生豁免	长期停产		
	聚氨酯合成革	绩效引领性企业	非绩效引领性企业	民生豁免	长期停产		
	超细纤维合成革	绩效引领性企业	非绩效引领性企业	民生豁免	长期停产		
橡胶制品制造	轮胎制品制造	A	B	C	D	民生豁免	长期停产
	橡胶板、管、带制品制造	A	B	C	D	民生豁免	长期停产
	橡胶零件、场地塑胶及其他橡胶制品制造	A	B	C	D	民生豁免	长期停产
	日用及医用橡胶制品制造	A	B	C	D	民生豁免	长期停产

续表

行业类型	行业分支	绩效分级 A	B	C	D	民生豁免	长期停产
橡胶制品制造	轮胎翻新						
制鞋	制鞋工业	其他（绩效引领性企业）	民生豁免（非绩效引领性企业）	长期停产			
家具制造	家具制造工业	绩效引领性企业	非绩效引领性企业	C	长期停产		
家具制造	粉末涂料家具制造	绩效引领性企业	非绩效引领性企业	民生豁免	长期停产		
家具制造	红木家具	其他	民生豁免	长期停产			
家具制造	三聚氰胺胶板式家具	其他	民生豁免	长期停产			
汽车整车制造	汽车整车制造工业	A	B	C	D	民生豁免	长期停产
工程机械整机制造	工程机械整机制造业	A	B	C	D	民生豁免	长期停产
工业涂装	钢结构制造工业	A	B	C	D	民生豁免	长期停产
工业涂装	卷材、型材制造工业	A	B	C	D	民生豁免	长期停产
工业涂装	集装箱制造工业	A	B	C	D	民生豁免	长期停产
工业涂装	造修船工业	A	B	C	D	民生豁免	长期停产
工业涂装	其他工业涂装	A	B	C	D	民生豁免	长期停产
其他	其他工业	地方A	地方B	地方C	地方D	地方绩效引领性企业／地方非绩效引领性企业、民生豁免	长期停产